知れば知るほどおいしい!

ウイスキーを楽しむ本

監修:北村 聡
(BAR「洋酒博物館」)

Gakken

その人気は衰え知らず！

日本のウイスキー事情

幅広い世代に支持され、ウイスキー人気が定着してきた昨今。
まずは日本におけるウイスキー事情をチェック！

その1 空前のウイスキーブーム到来！

人気銘柄は入手困難なことも…

ニッカウヰスキーの創業者、竹鶴政孝・リタ夫妻の生涯にスポットを当てたドラマ『マッサン』が大ヒットしたことなどをきっかけに、日本国内ではウイスキー人気が急上昇。以前よりも気軽にウイスキーを楽しむ人たちが増えてきた。

中でもシングルモルトやジャパニーズウイスキーへの需要が高まり、人気の銘柄は原酒不足などから慢性的な品薄状態に。加えてウイスキーブームは世界的な広がりを見せているため、「飲んでみたいウイスキーが品切れで…」と嘆く声もあるかもしれない。

しかし、なかなか手に入らないウイスキーだけが良いお酒というわけではない。日本はもとより世界中に目を向けると、手頃な価格で楽しめる銘酒は無数にあるのだ。

本書でもご紹介する数多くの銘柄から、ぜひ好みのウイスキーを見つけてもらいたい。

その2 お店でも家飲みでもハイボールが定着！

人気CMや家飲み需要で〝ハイボール派〟が増加！

爽快な喉越しで親しまれるハイボール。「サントリーウイスキー角瓶」などのCM人気や家飲み需要の増加を背景に、ハイボールという飲み方が定着してきた。バーにおいても、以前よりオーダーが増えているという。

ハイボールにするとアルコール度数を低めに抑えながらも、炭酸の爽快さを味わえることから、食中酒としても最適。また、おつまみに合わせて、ウイスキーの銘柄を変えてみるのも楽しい。

ウイスキーをこれから飲んでみたい人にとっての「入り口」としてもハイボールはおすすめだ。

その3 「ジャパニーズウイスキー」の“定義”が決定

原材料や製法についての基準が明確になった！

洋酒を製造する国内のメーカーらで構成される団体「日本洋酒酒造組合」が、2021年に初めて「ジャパニーズウイスキー」の〝定義〟を決定。

今までの日本の酒税法には国産ウイスキーについての明確な定義がなく、「ジャパニーズ」と表示するには〝グレー〟なものも国内外に流通しているという状況が長年続いていた。

例えば海外で造られたウイスキーの原酒を輸入し、国内で瓶詰めしたものを「ジャパニーズウイスキー」と名乗って販売してもルール的には問題はなかったというわけだ。

今回の決定では、「ジャパニーズウイスキー」と表示する際の原材料や製法が具体的に定められた。

主な要件としては、麦芽を必ず使用し、日本国内で採取された水を使うことや、規定量の木製樽に詰め、日本国内で3年以上貯蔵すること、日本国内で瓶詰めすることなどが含まれた（下の表参照）。

この決定は日本洋酒酒造組合内における基準であり、違反しても罰則があるわけではない。しかし「ジャパニーズウイスキー」の〝定義〟が明確になったことでよりブランド力がアップし、国内外のウイスキーファンの商品選びにおいてもひとつの大きな指標になるはずだ。

●「ジャパニーズウイスキー」の表示に関する基準の概要（日本洋酒酒造組合策定）

特定の用語	製法品質の要件		
ジャパニーズウイスキー	原材料		原材料は、麦芽、穀類、日本国内で採水された水に限ること。 なお、麦芽は必ず使用しなければならない。
	製法	製造	糖化、発酵、蒸留は、日本国内の蒸留所で行うこと。 なお、蒸留の際の留出時のアルコール分は95度未満とする。
		貯蔵	内容量700リットル以下の木製樽に詰め、当該詰めた日の翌日から起算して3年以上日本国内において貯蔵すること。
		瓶詰	日本国内において容器に詰め、充填時のアルコール分は40度以上であること。
		その他	色調の微調整のためのカラメルの使用を認める。

※日本洋酒酒造組合ホームページより

知れば知るほどおいしい!
ウイスキーを楽しむ本

CONTENTS

今こそ飲みたい! 珠玉のウイスキー263選!

mini COLUMN

STAFF
イラスト/ヤマサキタツヤ
撮影/内海裕之
表紙・本文デザイン&DTP/平田治久(NOVO)
執筆協力/久保田龍雄、所 誠(NOVO)
編集協力/細田操子(NOVO)

本書に掲載の商品、価格、代理店、メーカーなどの情報は2022年4~5月の取材時のものです。本書発行後にやむを得ない事情により、変更となる場合もございますことをご了承ください。

＼知っておきたいキホンの「キ」／

ウイスキーQ&A

そもそもウイスキーとはどんなお酒？
ここではウイスキーにまつわるさまざまな疑問をQ&Aスタイルでわかりやすく解説。
知るほどに魅力が増すウイスキーの世界へ、ようこそ。

Q1 ウイスキーって何から造られたお酒？

A 穀物が主原料の蒸留酒です。

大麦麦芽などを使ったお酒でアルコール度数も高い

ウイスキーとは、穀物を原料に用いて樽熟成した蒸留酒のこと。蒸留酒は、穀物や果実を一度発酵させ、蒸留して造るお酒だ。ワインや日本酒といった醸造酒よりもアルコール度数が高く、40～43％前後のものが主流。高いものは60％を超えるものもある。

ひとつの蒸留所で造られる「シングルモルト」

ウイスキーは、使用する原料によって「モルトウイスキー」と「グレーンウイスキー」に大別される。

モルトとは、大麦を発芽させた大麦麦芽のこと。この大麦麦芽だけを原料に用いているのが「モルトウイスキー」だ。

さらに、ひとつの蒸留所で造られたモルトウイスキーの原酒のみを使ったものを「シングルモルト（ウイスキー）」と呼ぶ。

一方、コーンや小麦、ライ麦などの穀物（グレーン）を使って造られるものを「グレーンウイスキー」という。

モルトウイスキーとグレーンウイスキーをブレンドしたものは「ブレンデッドウイスキー」と呼ばれる。

ウイスキーは蒸留酒の一種。樽に入れて熟成を行うのが大きな特徴だ。

ウイスキーは樽の中で長い時を経て完成する。

ウイスキーの種類

モルトウイスキー

原料：大麦麦芽
主に単式蒸留機で造られる

▸**シングルモルト**
ひとつの蒸留所のモルト原酒のみで造られたもの。

▸**ブレンデッドモルト**
（ヴァッテッドモルトともいう）
複数の蒸留所のモルト原酒を組み合わせて造られたもの。

ブレンデッドウイスキー

グレーンウイスキー

原料：コーン・小麦・ライ麦・大麦など
主に連続式蒸留機で造られる

▸**シングルグレーン**
ひとつの蒸留所のグレーン原酒のみで造られたもの。

※穀物を糖化させるため、グレーンウイスキーにも大麦麦芽が少量加えられる。

Q2 ウイスキーの発祥地はどこ？

A 発祥には2つの説があります。

スコットランドvsアイルランド 2つの〝発祥説〟

実はウイスキーの発祥については「スコットランド説」と「アイルランド説」があり、現在も確かなことはわかっていない。

「スコットランド説」の根拠は、1494年の王室にある公式文書に、ウイスキー製造の記述があるため。一方の「アイルランド説」によると、1172年のイングランドによるアイルランド侵攻時に、大麦を原料とした蒸留酒が飲まれていたとされている。ただし残念ながら、こちらには証拠となるものが残されていない。

ワインやブランデーに代わり19世紀に急拡大

19世紀後半になると害虫によるぶどうの大被害でワインとブランデーの供給が絶たれてしまう。代わりにウイスキーが注目され、一気にヨーロッパに広まった。

その一方で、アメリカへ移りウイスキー造りをしていた農民たちは、1791年に導入されたウイスキー税に反発。当時はまだアメリカではなかったケンタッキーやテネシーに逃れ、バーボンなどに代表されるアメリカンウイスキーの文化をつくり上げた。

日本に初めてウイスキーがもたらされたのは1853年のペリー来航時。そこから国内で独自に工夫を重ねたウイスキー造りが行われるようになった。

スコットランドorアイルランド 発祥はどっち？

スコットランド説

1494年の王室の公式文書に「修道士のジョン・コーにウイスキーを意味する“生命の水”を造らせた」との記録が残っている。

アイルランド説

1172年のイングランドによるアイルランド侵攻時に「ウスケボー」と呼ばれる大麦から造ったお酒が飲まれたと伝えられている。

Q3 ウイスキーの魅力とは？

A 種類や飲み方で無限の楽しみ方があるんです。

まずは5つの魅力に注目 芳醇なお酒の多彩な楽しみ方

ウイスキーに感じる魅力は人によってさまざまだが、ここでは主に5つのポイントをお伝えしていこう。

1 樽熟成による美しい琥珀色と芳醇な香り

まずは何といっても、時が造り出す美しい琥珀色と芳醇な香り。天然木の樽材から多くの成分を吸収し、無色透明だった原酒（スピリッツ）は時とともに少しずつ琥珀色へと変わっていく。

2 ウイスキー1本1本に歴史や物語がある

世界中で長く愛されてきたウイスキーだが、ウイスキーを造るそれぞれの国や地域、蒸留所などにも歴史があり、それらに思いを馳せながら味わうのはとても楽しいもの。

3 原料や産地の違いで多種多様な味わいが楽しめる

ウイスキーはモルト（大麦麦芽）やコーン、ライ麦など、原料によって味わいが異なる。さらに生産される国や地域の気候、造り手のこだわり、熟成期間などさまざまな要素によって、実に多種多様なウイスキーが生まれている。また同じ銘柄でも熟成年数や時代によって違いがあるため、一生かけても飲みつくせないほどだ。

4 食前、食中、食後いつ飲んでもおいしい

ウイスキーだけで飲むもよし、おつまみとともに味わうもよし。ウイスキーは合わせるものによって、食前酒にも食中酒にもなる。食後や就寝前に飲みながらゆったり過ごすのも格別だ。

5 好みや体調によって自在にアレンジできる懐の深さ

ウイスキーはアルコール度数が高いため、ストレートでは飲めない人もいるだろう。しかし心配は無用。ウイスキーは水や炭酸で割ったり、カクテルにしたりと、楽しみ方のバリエーションは無限大。自由度の高さも大きな魅力なのだ。

今日はロックにしてみよう

Q4 ウイスキーはどんな国で造られている？

A 5大産地に、新たな国や地域の参入も。

特徴の異なる5大産地のウイスキー

ウイスキーは世界中で造られているが、生産量、質ともに群を抜く代表的な産地は5つ。スコットランド、アイルランド、アメリカ、カナダ、そして日本だ。

ウイスキーにはお国柄が出るもの。基本的な原料や製法はあまり変わらないが、各国の気候風土や特産物を生かし、それぞれに異なる特徴を持つウイスキーができ上がった。

また5大産地以外の地域でも、近年はウイスキーの生産がますますさかんに。インドや台湾、オーストラリア、ニュージーランド、フランスそしてフィンランドなどから新しい味わいが次々と生まれている。

エリアごとに強烈な個性を持つ
ウイスキー造りの“本場”

スコッチウイスキー （P22）

長い歴史を持つ、ウイスキー造りの本場。6大エリアに分かれ、ピート香の効いたスモーキーなものや、冷涼な気候で長期熟成を重ねたまろやかな味わいのものが多い。シングルモルトの銘柄数が最も豊富。

寒冷な気候で生産される
良質なライ麦を使用

カナディアンウイスキー （P78）

寒冷な気候で、ウイスキー造りに適した良質なライ麦がとれる。このライ麦の豊かな風味と、コーンの軽快ですっきりとした味わいが特徴で、隣国アメリカでも長く愛されている。

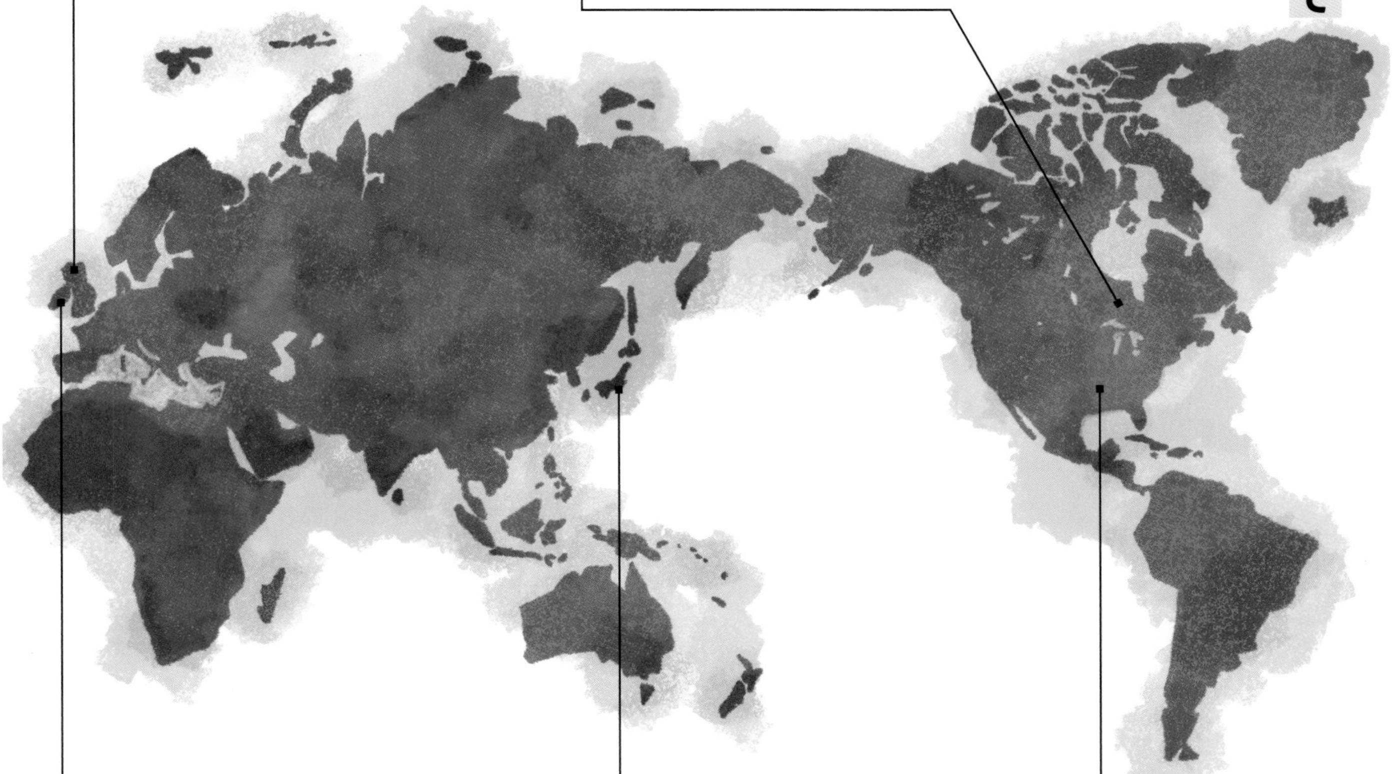

3回蒸留の伝統製法が特徴
実力派の蒸留所が揃う

アイリッシュウイスキー （P62）

アイリッシュ伝統の3回蒸留に基づくウイスキーは、芳醇で華やかな香りの中にも素朴で味わい深い豊かなコクが感じられる。ウイスキーブームはアイルランドでも過熱しており、今では40を超える蒸留所が稼働している。

スコッチをお手本にしながら
独自の味わいが完成

ジャパニーズ（国産）ウイスキー （P80）

スコッチの味を目指し、先駆者たちの努力によって、世界でも有数のウイスキー産地へと成長。日本人の味覚に合うよう独自の改良を重ね、複雑で繊細な味わいに。新たな蒸留所も続々と誕生している。

寒暖差が熟成を促進
力強い味わいを生む

アメリカンウイスキー （P68）

スコットランドやアイルランドからの移民がウイスキー造りを開始。主な生産地であるケンタッキー州やテネシー州は寒暖差が大きく、短期熟成に適している。肥沃な大地でとれるコーンを使ったバーボンウイスキーが有名。

Q5 ウイスキーのラベルには何が書いてある？

A ラベルはウイスキーの〝顔〟。そのボトルの基本情報が記載されています。

用語を覚えておけばウイスキーがわかる

ラベルは、そのウイスキーの〝顔〟ともいえる。それぞれに特徴のあるデザインが施されたラベルには、そのウイスキーの基本情報が記載されている。

主な用語を覚えておけば、そのウイスキーの概要を知ることができるのだ。

左ページではラベルやウイスキー製造においてよく使われる用語をご紹介。バーや家飲みでウイスキーを楽しむ際の基礎知識として、ぜひチェックしておこう。

ラベルのココをチェック！

メーカーによって記載項目や内容は少しずつ異なるが、基本的には以下のものが記載されている。ここでは2本のボトルを例に解説していこう。

紋章・創業年

ラベルには蒸留所を象徴する紋章や創業年が。その蒸留所の持つルーツや歴史の長さがわかる。

銘柄

最も大きく記載されるウイスキーの銘柄。探している銘柄があれば、ラベルの一番目立つ文字をチェックしてみて。

熟成年数

銘柄と並んで大きく記載される。熟成年数の異なる複数の原酒が使われる場合には、その中で最も若い原酒の年数を表示。ノンエイジのシングルモルトやブレンデッドウイスキーなど記載されないものも。

使用樽などについての情報

ここで頻出する「CASK（カスク）」は樽のことで、そのウイスキーの熟成に使われた樽についての情報などが書かれている。

生産国やウイスキーの情報

そのウイスキーが生産された国や地域、ウイスキーの種類についての情報などを記載。

内容量・アルコール度数

これだけは知っておきたい！

ウイスキー用語集

ア

□ヴァッティング
異なる樽で造られたモルト原酒同士を混ぜ合わせること。モルトウイスキーとグレーンウイスキーを混ぜ合わせる場合はブレンディングと呼ぶ。

□オフィシャルボトル
蒸留所、もしくは蒸留所の系列会社でボトリングされ、販売されるウイスキー。

□オロロソ
スペインで造られるシェリーの一種。オロロソの空き樽をウイスキーの熟成に用いると、香り高く仕上がる傾向にある。

カ

□カスクストレングス
樽出し原酒ともいわれる。ひとつまたは複数の樽の原酒が、加水されずにボトリングされたウイスキー。アルコール度数が高く、熟成していた樽の風味がダイレクトに味わえる。

□キーモルト
ブレンデッドウイスキーを造るうえで使われる、味の核をなすモルトウイスキーのこと。

□グレーンウイスキー
コーンやライ麦などの穀物を原料として、主に連続式蒸留機で造られるウイスキー。ライトでクリアな味わいで、ブレンデッドウイスキーに使われることが多い。ひとつの蒸留所で造られるグレーンウイスキーはシングルグレーンウイスキーと呼ばれる。

□原酒
蒸留したあと、樽に詰めて熟成される原液のこと。ほとんどのウイスキーは、原酒同士を混ぜて造られている。

□後熟
ブレンドした原酒を再び樽に入れ、瓶詰めする前にしばらく寝かせること。この工程によって原酒同士がなじみ、まろやかになる。マリッジともいう。

サ

□サワーマッシュ方式
バーボン特有の製法。最初の蒸留時に残った「サワーマッシュ」と呼ばれるもろみの残液の一部を発酵槽に戻して新しい糖化液と混ぜ合わせ、再度発酵させる手法。これにより発酵がゆっくりと進み、香り高い安定した発酵液が得られる。

□仕込み水
ウイスキー造りに使われる水。製麦、糖化、発酵などの工程で加えられる。

□シングルカスク
ひとつの樽から得られる原酒がボトリングされたウイスキー。加水されることも、加水されないこともある。樽ごとに微妙に異なる味の個性を楽しむことができる。

□シングルモルト
ひとつの蒸留所で造られるモルトウイスキー原酒だけがボトリングされたもの。蒸留所ごとに異なる味の個性を楽しむことができる。

□スコッチ（ウイスキー）
スコットランドで造られるウイスキー。長い歴史を持ち、種類も豊富。地域や蒸留所によって多彩な味わいが楽しめる。

□スモールバッチ
少量の樽のみで限定生産されるウイスキー。主にバーボンウイスキーにおいて使われる用語。

タ

□チェイサー
口直しと酔い防止のために、お酒に添えて出される水。ソーダやジンジャーエール、ビールなどをチェイサーとして飲む人もいる。

□チャー
熟成樽の内側を焦がす工程のこと。焦がすことで、樽材の成分が中の原酒にしみ出しやすくなる。バーボンウイスキーには欠かせない工程。

□追熟
ひとつの樽で熟成させたウイスキーを別の樽に移し、さらに熟成を重ねること。

ナ

□ニューポット
蒸留したての透明なスピリッツ。熟成を経ていないので、「ウイスキー」とは呼ばない。

□ノンエイジ
熟成年数を表示していないウイスキーのこと。

□ノンチルフィルタード
ウイスキー造りの工程のひとつである冷却ろ過（チルフィルター）を行わないこと。麦芽や樽熟成本来の風味をよりしっかりと感じることができるため、近年はノンチルフィルタードのウイスキーが増えてきている。

ハ

□バーボンウイスキー
アメリカンウイスキーの代表的な種類。「原料にトウモロコシを51%以上含み、アルコール分80度以下で蒸留。さらに内側を焦がしたホワイトオークの新樽で、アルコール度数62・5度以下で熟成させたもの」等とアメリカの法律で定められている。

□バレル
樽のこと。「カスク」が主にスコッチウイスキーで使われるのに対し、バレルは主にアメリカンウイスキーにおいて使われる。

□ピート
ヘザー（ヒース）、コケ、シダなどの植物（アイラ島など一部の地域では海藻も）が長い間に堆積してできた泥炭。麦芽を乾燥させるときの燃料としてよく使われ、ウイスキーのスモーキーなフレーバーのもととなる。

□ピュアモルト
ブレンデッドモルト、ヴァッテッドモルトと同義。

□ファーストフィル
ウイスキーの熟成に初めて使用する樽のこと。その前にシェリー樽やバーボン樽として使われていた古樽を用いるため、ファーストフィルは樽内の香りがウイスキーに強く影響する。2度目の樽の使用は「セカンドフィル」、3度目は「サードフィル」と呼ばれる。

□フェノール値
ピートのスモーキーさを知るひとつの指標で、単位はppm。ウイスキーのフェノール値は低いもので2～5ppm、高いもので40～60 ppm 程度。中には100ppm を超えるものもある。

□プルーフ
お酒の強さの指標。USプルーフ（アメリカ）とUKプルーフ（イギリス）がある。USプルーフはアルコール度数（%）を2倍に、UKプルーフは1・75倍にした値。

□ブレンデッドウイスキー
複数のモルトウイスキーとグレーンウイスキーの原酒をブレンドして造られるウイスキー。飲みやすくバランスの良い味になる。

□ブレンデッドモルト
複数の蒸留所で造られたモルト原酒を混ぜ合わせて造られるウイスキー。シングルモルトの個性と個性が合わさったウイスキーになる。ヴァッテッドモルトとも呼ばれる。

□ペドロ・ヒメネス
シェリーに使われるブドウの一種。極めて甘い味わいに仕上がる。

□ポットスチル（単式蒸留機）
モルトウイスキーを造るための、銅製の蒸留機。玉ねぎのような形が特徴。一度蒸留を行うたびに、中のモロミを入れ替える。時間と手間がかかるが、個性的な味ができる。

□ボトラーズブランド
蒸留所や、蒸留所のグループ会社とは別の、独立した会社（インディペンデントボトラー）によってボトリングされたウイスキー。このボトルのことを指して、ボトラーズボトルということもある。

マ

□モルト
大麦麦芽のこと。

□モルトウイスキー
原料に大麦麦芽のみを使用したウイスキー。ポットスチル（単式蒸留機）で蒸留され、スコッチウイスキーなら3年以上樽で熟成される。

ラ

□連続式蒸留機
主にグレーンウイスキーを造るための蒸留機。コンビナートのように大きいものもある。連続してモロミを入れながら蒸留する。単式蒸留機よりも、アルコール度数が高くライトでクリアな味になる。

Q6 ウイスキーはどんなお店で買えばいい？

A まずは気軽に量販店へ。

品揃え豊富な売り場で気兼ねなく買い物を

「家飲み用にウイスキーを買ってみよう」と思い立っても、どこで買うのがいいのかわからない人も多いのでは。

本格的な銘柄が充実した専門店やデパートももちろんいいが、最初は気兼ねなく品定めできる大型スーパーなどの量販店もおすすめ。スタンダードな銘柄が揃っていて価格帯も手頃なため、購入品が万が一好みでなかった場合も、さほど気にはならないだろう。

できる限り店舗に出向いて価格のチェックを

加えて大切なポイントは、できる限り「店舗に出向いて買う」こと。日光の当たる窓際に陳列された商品は避けるのがベターだ。また、店舗によって価格に2〜3割の開きがあることも。複数の店舗で価格を比較すると同時に、ネット通販の場合は送料や代引き手数料も加味して検討するといい。

専門店はスタッフとのコミュニケーションによって有益な情報が得られるなどのメリットもある。

Q7 ウイスキーの上手な保存方法は？

A ボトルは立てて涼しい場所へ。

中身が外気などに触れないようグッズも使って対策を

まず大切なのは「ボトルは立てておく」こと。これはワインとは異なるポイント。コルクの匂いがウイスキーに移ったり、コルクの収縮によってできたすき間からウイスキーが漏れたり、さらには外気に触れて品質が劣化したりするのを防ぐ目的がある。

直射日光の当たる場所もＮＧ。戸棚にしまうか、購入時の箱があればそれに入れておくのがおすすめ。

また、少量残した状態で長期保存すると、瓶内の空気に触れる部分が大きいため、品質劣化のおそれも。少量であれば早めに飲みきってしまおう。

ウイスキーに匂いが移らないよう、匂いの強いもののそばに置かないことも大切。

ウイスキーの品質を保つための5カ条

1. ボトルは寝かせず立てておく
2. 直射日光を避け冷暗所に
3. 温度変化の少ないところに保管する
4. 少量残したまま長期保存しない
5. 匂いの強いもののそばに置かない

劣化を防ぐ豆知識

〈正常〉

〈劣化〉

ウイスキーの品質が劣化すると、写真のように濁ってしまうことも。

ウイスキーのコルクは使っているうちに欠けたり折れたりすることも。飲みきったボトルのキャップをとっておくと、サイズが合うものであれば代用可能なので便利だ。ただし、匂い移り防止のためにも、風味が同じタイプのウイスキーのものを選ぼう。

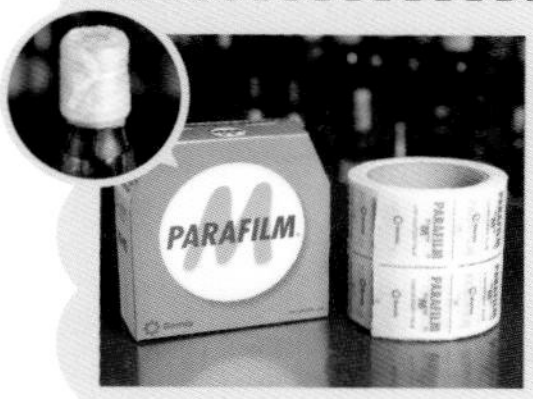

コルクのすき間から外気が入らないよう、パラフィルムを上から巻いておくといい。ネットなどで購入できる。

Q8 自分好みの1本を見つけるコツは？

A 主な銘柄の特徴を知っておくと便利。

目的に合わせて選択肢は無限に広がる

ウイスキーには実に多くの銘柄があり、味の特徴や飲み方などによっていろいろな選び方ができる。「種類がたくさんありすぎてわからない」という人も、まずは主な銘柄をまとめた以下のウイスキーマッピングを参考にしてみてほしい。

自分好みのウイスキーはどのタイプなのかが何となくでもつかめれば、ウイスキー選びはもっと簡単で楽しいものになるはずだ。

※以下の銘柄の中には種類の異なる商品を複数紹介しているものもあるので、該当ページの詳細からより好みの１本を選んでみてほしい。

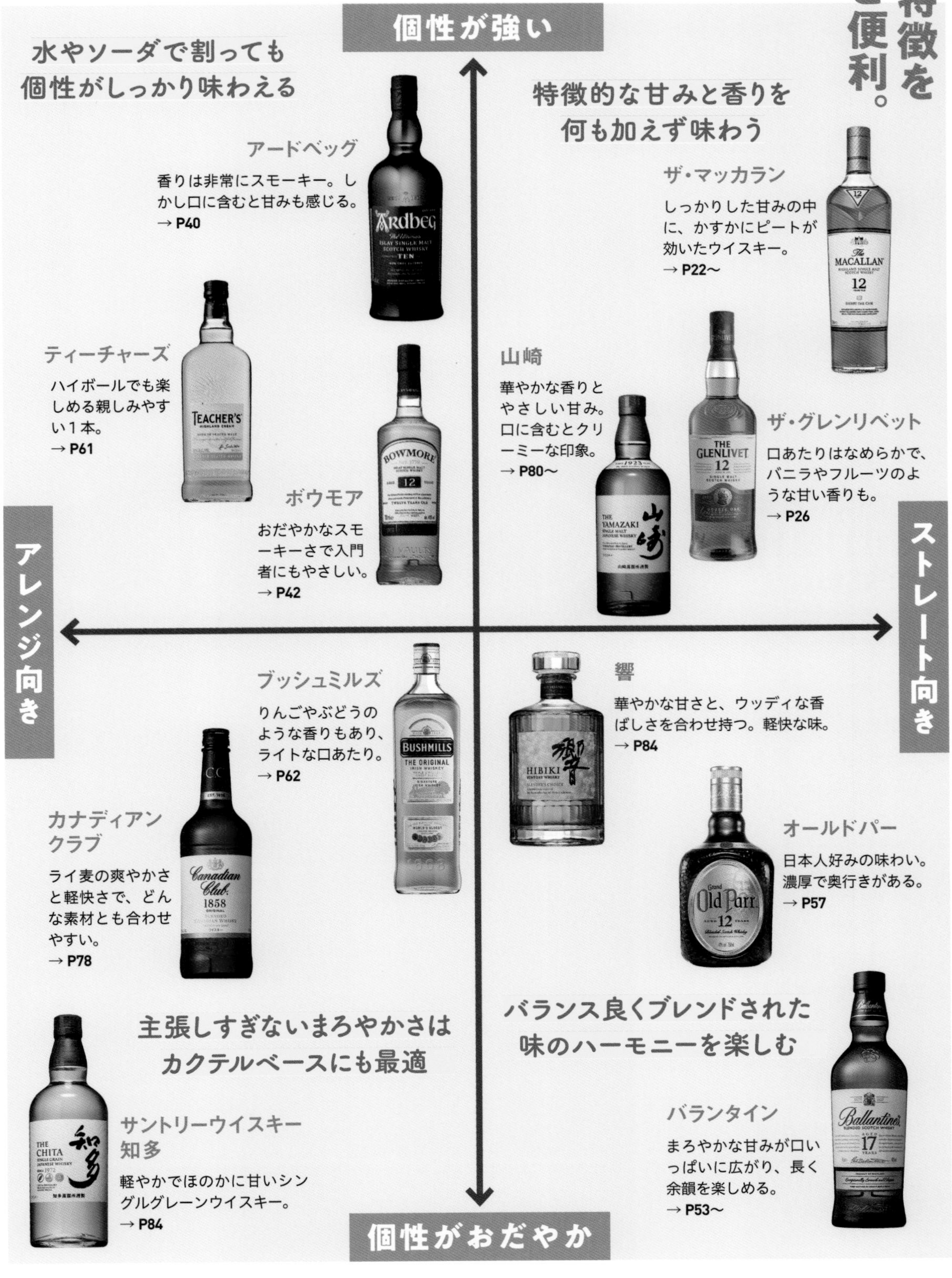

個性が強い
個性がおだやか
アレンジ向き
ストレート向き
水やソーダで割っても個性がしっかり味わえる
アードベッグ
香りは非常にスモーキー。しかし口に含むと甘みも感じる。
→ P40
ティーチャーズ
ハイボールでも楽しめる親しみやすい１本。
→ P61
ボウモア
おだやかなスモーキーさで入門者にもやさしい。
→ P42
特徴的な甘みと香りを何も加えず味わう
ザ・マッカラン
しっかりした甘みの中に、かすかにピートが効いたウイスキー。
→ P22〜
山崎
華やかな香りとやさしい甘み。口に含むとクリーミーな印象。
→ P80〜
ザ・グレンリベット
口あたりはなめらかで、バニラやフルーツのような甘い香りも。
→ P26
ブッシュミルズ
りんごやぶどうのような香りもあり、ライトな口あたり。
→ P62
カナディアンクラブ
ライ麦の爽やかさと軽快さで、どんな素材とも合わせやすい。
→ P78
主張しすぎないまろやかさはカクテルベースにも最適
サントリーウイスキー知多
軽やかでほのかに甘いシングルグレーンウイスキー。
→ P84
響
華やかな甘さと、ウッディな香ばしさを合わせ持つ。軽快な味。
→ P84
オールドパー
日本人好みの味わい。濃厚で奥行きがある。
→ P57
バランス良くブレンドされた味のハーモニーを楽しむ
バランタイン
まろやかな甘みが口いっぱいに広がり、長く余韻を楽しめる。
→ P53〜

Q9 どう飲み比べると味の違いがわかる？

A いろいろな組み合わせで比較してみましょう。

まずは飲んでみること 香りや味の違いを意識しよう

自分好みの1本を見つけるには、まずはいろいろなウイスキーを飲んでみるのが何よりの近道。

毎回、下記のような飲み比べのテーマを決め、共通項を持ったウイスキーを数本ずつテイスティングしていくと、香りや味の違いがわかるように。自分の好みも徐々につかめるはずだ。

ブレンダーの作法を取り入れて試してみる

一つひとつの銘柄の、わずかに異なる味や香りを意識するには、毎日数多くの原酒をテイスティングしているブレンダーと同じ飲み方をしてみるのがおすすめ。

テイスティングをする際には口のすぼまったテイスティンググラス（P19）にウイスキーと同量の水を加え、数回グラスを回して味わう。水を加えることでアルコールの刺激が消え、ウイスキー本来の味が引き出されるのだ。テイスティンググラスの形状には、香りが立ち上りやすくなるというメリットもある。

ストレートで飲むときは「色」「香り」「味」の3段階で味わおう

【色を見る】

グラスを光の当たるところに透かして見る。琥珀色の色合いから、味を想像してみよう。

【香りをかぐ】

グラスを軽く回して香りを立たせる。グラスを鼻に近づけすぎると刺激を感じるので、少し離してかいでみよう。

【味わう】

少量を口に含む。すぐに飲み込まずに口内で味わい、鼻に抜ける余韻に意識を向けてみよう。

いろいろなテーマで飲み比べてみよう

1. 同じ「産地」の銘柄

国や地方など、ウイスキーの産地が同じであれば、味わいの特徴が似ていることも多い。「今日はスペイサイド地方のウイスキーで」「バーボンを2、3本試してみよう」といった具合に、産地にテーマを絞ってみよう。

2. 同じ銘柄の「熟成年数」や「カスク」

ウイスキーは、同じ銘柄でいろいろなバリエーションが楽しめることも多い。例えば「12年」「15年」「18年」と熟成年数の異なるものを飲んで比較したり、熟成に使われたカスク（樽）の違いを感じてみるのもいい。

3. 好きな飲み方から選ぶ

ストレートで飲むなら個性の強いもの、水割りで飲むならボディがしっかりしているものなど、好きな飲み方に合うウイスキーで比べてみるのも楽しい。

ほかにも「ピート香の強いスモーキーなもの」や「3000円以下で買えるブレンデッドウイスキー」など、さまざまなテーマで飲み比べてみよう。

Q10 入門者におすすめのウイスキーは？

A まずはこの12本から試してみましょう。

ウイスキーの全体像をつかむならこのボトル

有名な銘柄、ラベルデザインが好みのもの、せっかくだから日本のウイスキーを、など選び方も十人十色だ。

ウイスキーに興味がわいたら、自分のアンテナにビビッときたものから自由に試してOK。

それでも「種類が多いので、手がかりがほしい」という人のために、ここでは本書監修、BAR「洋酒博物館」の北村聡が12本をご紹介。

シチュエーション別にピックアップしたので、家飲みやバーでのウイスキー選びにぜひご活用を。

ウイスキーを知るならまずはこの３本

ザ・グレンリベット12年

国内外で人気。クセがなくバランスのとれた歴史のあるシングルモルト。

→ P26

メーカーズマーク

世界的に知られる少量生産のバーボン。オレンジの皮を入れたハイボールが人気。

→ P72

ボウモア12年

とても上品なスモーキーさが魅力。アイラモルト入門編に。

→ P42

予算 3000 ～ 4000 円ぐらいで探したい

フロム・ザ・バレル

アルコール度数51％の、重厚かつコクのあるニッカウヰスキー。

→ P87

イチローズモルト&グレーン ホワイトラベル

世界的に高評価を得るイチローズモルト。手頃な価格のブレンデッドから試してみては。

→ P90

モンキーショルダー

飲みやすいブレンデッドモルト。ボトルにデザインされた３匹の猿の飾りも面白い。

→ P61

これもおすすめ

ティーチャーズ ハイランドクリーム

スモーキーでコスパも最高。入手しやすいスコッチウイスキー。

→ P61

グレンファークラス105 カスクストレングス

アルコール度数60％でノンピート。100％シェリー樽熟成の骨太な味わいが魅力。

→ P25

ハイボールで楽しみたい

ザ シングルトン ダフタウン12年

シングルモルトのハイボールでちょっと贅沢に。爽やかでフルーティな一杯に。

→ P30

デュワーズ ホワイト・ラベル

手頃な価格で楽しめ、多くのバーテンダーにも支持される１本。

→ P59

ちょっと上級編に挑戦したい

ザ・マッカラン12年

今も昔も変わらぬ、ウイスキー界の“大御所”。一度は味わいたい。

→ P22

山崎12年

日本を代表するシングルモルト。品薄だが、機会があればぜひ。

→ P81

ストレートから
カクテルまで
自由自在

9 ウイスキーの魅力を味わいつくす 通りの飲み方

プロのワンポイントアドバイス付き

種類×飲み方で バリエーションは無限大

ウイスキーの大きな魅力のひとつは、何といっても飲み方のバリエーションが豊富なこと。

　ウイスキーは蒸留酒で、アルコール度数も40～60度と高い。旨みもアルコールも凝縮されているからこそ、水や他のお酒、炭酸飲料などを加えても味の幅がぶれにくいのだ。

　ウイスキーを飲み慣れていればストレートでじっくり味わうのもいいし、まだ飲み始めたばかりの人であればハイボールやカクテルから楽しむこともできる。ウイスキーはどんな嗜好の人でも受け入れてくれる、実に懐の深いお酒といえるだろう。

　お酒の中でも、ウイスキーはとりわけ銘柄数が多い。銘柄ごとの個性はもちろん、そこに飲み方の幅が広がれば、味わいのバリエーションは無限大に。

　ここでは、ウイスキーを存分に味わいつくすための9通りの飲み方を紹介しよう。

バリエーション 1

ストレート

まずは本来の味をじっくりと

ウイスキーは、主に3年～30年以上にわたって熟成されたお酒。味の完成度が高いため、まずは何も加えずストレートで。香りと味をしっかり感じることのできるシンプルなグラスで飲むのがいい。上級者向きの飲み方でもあるため、アルコールの刺激が強いと感じたら、水や氷を加えてみよう。

レシピ

用意するもの	・お好みのウイスキー：30～45ml
作り方	低い位置からゆっくり注ぐ。

ワンポイント

チェイサー（水）を合い間に飲むと、口直しと酔い防止になるのでおすすめです。

バリエーション
2
オン・ザ・ロック

グラスに響く氷の音を聞きながら味わう

グラスに大きな氷を入れて楽しむオン・ザ・ロック。氷が溶けていくにしたがい、だんだんとまろやかな味わいに。水分が加わって徐々にアルコール度数が弱まるため、ストレートでは飲みづらい人もぜひ試してほしい。

レシピ

用意するもの
- お好みのウイスキー：30〜45ml
- 大きな氷：適量

作り方
1. ロックグラスに大きな氷を入れる。
2. 氷をつたうようにウイスキーを注ぐ。

ワンポイント

氷は天然水からつくられたものがおすすめ。大きな丸氷はお酒の専門店などで買うこともできます。

バリエーション
3
ハーフ・ロック

オン・ザ・ロックよりやさしい飲み心地

オン・ザ・ロックに冷やした天然水を加えて、より飲みやすくやさしい味わいにしたもの。氷と水以外は何も加えていないため、ウイスキー本来の味も楽しむことができる。

レシピ

用意するもの
- お好みのウイスキー：30〜45ml
- 冷やした天然水：30〜45ml
- 氷：適量

作り方
1. ロックグラスに氷を入れる。
2. 1にウイスキーと同量の天然水を加える。
3. マドラーで軽く混ぜ、ウイスキーと天然水をなじませる。

ワンポイント

氷の大きさや量はお好みでOK。キリッと冷えたハーフ・ロックでウイスキーの味わいを堪能してみてください。

バリエーション 4

ミストスタイル

クラッシュアイスを使った爽やかな一杯

細かく砕いた氷（クラッシュアイス）を大きめのグラスに入れ、ウイスキーを注ぐ。少し時間をおくとグラスの周りに霧（ミスト）のような水滴がつくことから名付けられた。キンキンに冷えた一杯をいただこう。

レシピ

用意するもの
- お好みのウイスキー：30〜45ml
- クラッシュアイス：適量

作り方
1. ロックグラスにクラッシュアイスを入れる。
2. ウイスキーを注ぐ。
3. マドラーを２〜３回だけ上下させる。
4. グラスにうっすら水滴がつくまで少しおく。

ワンポイント

氷が細かく砕かれているぶんウイスキーとなじみやすいです。グラスに水滴がつき始めたら飲み頃。

バリエーション 6

水割り

日本人に長く愛されるスタイル

ウイスキーに天然水を多めに注ぐスタイルで、昔から日本人に愛されてきた。特に日本のウイスキーは水割りに適した味に造られていることが多く、天然水を加えることでまろやかになり、食中酒としてもおすすめ。

ワンポイント

ウイスキーと天然水の割合は1:3〜4が目安。水を多く使うため、水の質ができ上がりに影響します。ウイスキーの味を損なわない国産のミネラルウォーターがおすすめ。

レシピ

用意するもの
- お好みのウイスキー：30〜45ml
- 冷やした天然水：適量
- 氷：適量

作り方
1. タンブラーいっぱいに氷を入れ、ウイスキーを注ぐ。
2. 好みの濃さになるように、冷やした天然水を注ぐ。
3. バースプーンでよく混ぜる。

バリエーション 5

トワイスアップ

ウイスキーと水を1:1で香りも豊かに

ウイスキーと天然水を１：１で割る、ブレンダー流の味わい方。アルコールが弱くなるぶん、複雑な香りを感じることができる。くびれた形のテイスティンググラスはより香りがとどまりやすい。ウイスキー、天然水ともに常温のものを使用。

ワンポイント

ウイスキーは水より比重が軽いので、ウイスキー、天然水の順に注ぎます。その後、柄の長いバースプーンで混ぜたらでき上がりです。

レシピ

用意するもの
- お好みのウイスキー（常温）：30ml
- 天然水（常温）：30ml

作り方
1. グラスにウイスキーを注ぐ。
2. 常温の天然水を注ぐ。
3. バースプーンを一度だけ上下させてなじませる。

バリエーション 7
ハイボール

近年主流の爽やかな一杯

ウイスキーをソーダで割る飲み方で、近年は特に人気。氷と炭酸の刺激が心地良い爽快感を与えてくれる。力強い味わいのバーボンなどは特にマッチ。食中酒としてもおすすめで、揚げ物などと合わせると口の中をさっぱりさせてくれる。

レシピ

用意するもの
- お好みのウイスキー：30〜45ml
- 冷やした炭酸水：適量
- 氷：適量

作り方
1. タンブラーに氷を入れる。
2. ウイスキーを注ぐ。
3. 炭酸水を静かに注ぐ。
4. バースプーンを一度だけ上下させてなじませる。

炭酸水は氷に当たるとガスが抜けやすくなるため、グラスと氷のすき間をめがけて注ぎ入れると良い。

ワンポイント

炭酸水（または天然水）を入れたグラスにウイスキーを浮かべるよう静かに入れる「ウイスキーフロート」は、上から下にかけて味の変化が楽しめるのでお試しあれ。

バリエーション 8
お湯割り

温かさと香りでホッとくつろげる一杯

ウイスキーは温めてもおいしさが発揮されるお酒。お湯で割れば体が温まり、豊かな香りでリラックスすることもできる。水割り同様に、日本のウイスキーなどが好相性。割るお湯の量や温度はお好みで。

レシピ

用意するもの
- お好みのウイスキー：45ml
- お湯：適量

作り方
1. グラスにウイスキーを注ぐ。
2. 香りが飛んでしまわないよう、お湯をゆっくりと注ぐ。

※グラスは持ち手のついた耐熱タイプのものがおすすめ。

ワンポイント

ウイスキーのお湯割りを「ホットウイスキー」と呼ぶことがあります。しかし、ホットウイスキーは店によってはシナモンやレモンなどを入れることがあるので、ここではお湯のみを使った飲み方は「お湯割り」としました。

バリエーション 9

カクテル

飲みやすく、自分好みの味にも

ウイスキーはアルコール度数が高く苦手意識がある人でも、ほかのお酒やジュースを加えたカクテルなら飲みやすくなる。ウイスキーを飲み始めたばかりの入門者にもおすすめ。ここでは、本書監修・北村聡の考案した人気のオリジナルカクテルのレシピをご紹介。

「竹鶴の伝説」

ニッカウヰスキー創業 80 周年記念に依頼を受けて考案したカクテル。ウイスキー造りに生涯をかけた創業者の竹鶴政孝の“伝説”とも言える功績に敬意を表して創作された。ウイスキーのコクがありながらもさっぱりとした味わいが楽しめる。

レシピ

用意するもの

1. 竹鶴ピュアモルト（P86）：30ml
2. アマレットリキュール：20ml
3. ジンジャーエール：適量
   ※「ウィルキンソン ジンジャーエール（辛口）」がおすすめ
4. カットレモン

作り方

1 と 2 を混ぜ、氷の入ったグラスに入れる。そこに 3 を注ぎ入れ、最後に 4 を添えてでき上がり。

ワンポイント

使用するウイスキーはニッカウヰスキーのお好みのものを。「竹鶴ピュアモルト」の入手が難しい場合は、「ニッカセッション」（P87）などもおすすめです。

「タータンチェック」

スコッチウイスキーを使った色鮮やかなカクテル。マルティーニビターの赤とキュウリの緑で、スコットランドの民族衣装のタータンチェク柄に見立てた。スコッチウイスキーコンクールの優勝作品でもあり、カクテルの味わいとキュウリの爽やかな食感が絶妙に調和。

レシピ

用意するもの

1. お好みのスコッチウイスキー：30ml
2. マルティーニビター
   （※カンパリでも可）：20ml
3. レモンジュース：10ml
4. トニックウォーター：適量
5. キュウリ、カットレモン

作り方

1 ～ 3 までをシェイクし、氷の入ったグラスに入れる。そこに 4 を注ぎ入れ、5 を添えてでき上がり。

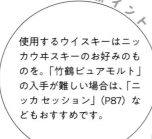

ウイスキーが おいしく飲める グラス

グラスにこだわれば ウイスキーの持ち味がアップ

ウイスキーを飲み始めると、やはり家飲み用のグラスにもこだわりたくなるもの。

グラスには飲み方や目的に合わせてさまざまな種類があり、飲み口の形や厚みが味の印象を左右する。また見た目のデザインや手触りも好みのものを選べば、使うたびに気分も盛り上がり、愛着も深まるのでは。

購入の際は、可能であれば実際に販売店舗に出向いて手にとってみるのがおすすめ。大きさや重さがわかり、使うシーンを具体的にイメージすることができる。

ホットドリンク用グラス

お湯割りを飲むときに欠かせない耐熱グラス。取っ手付きのものと、好みのグラスに取っ手を取り付けるホルダータイプのものがある。

【おすすめスタイル】
お湯割り

ロックグラス

ウイスキー用グラスの中では容量が大きく、300ml 前後入る。オン・ザ・ロックなど氷を使ったスタイルに最適。オールドファッションドグラスともいう。

【おすすめスタイル】
オン・ザ・ロック、ハーフ・ロック、ミストスタイル

ストレートグラス

ショットグラスともいわれ、30～45ml 入る。底が浅いため、香りを直接感じることができる。持つと手になじむよう、ある程度の重みを持たせてある。

【おすすめスタイル】
ストレート

テイスティンググラス

脚がついたチューリップ型のグラス。くびれた形をしているので、香りがグラスの外に逃げにくい。足を持って軽く回すと香りがいっそう引き立つ。

【おすすめスタイル】
ストレート、トワイスアップ

\ これもあると便利！ /

ジガーカップ

一般的なものは上下それぞれで 30ml と 45ml が計量できる。これがあればいつも正確な量が把握でき、カクテルづくりなどにも便利。

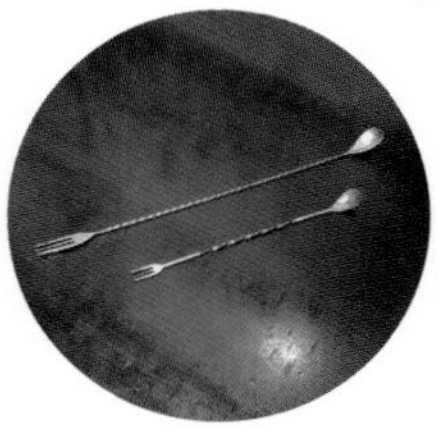

バースプーン

柄が長く、反対側がフォークになっているもの。主にドリンクを混ぜる際に使用。

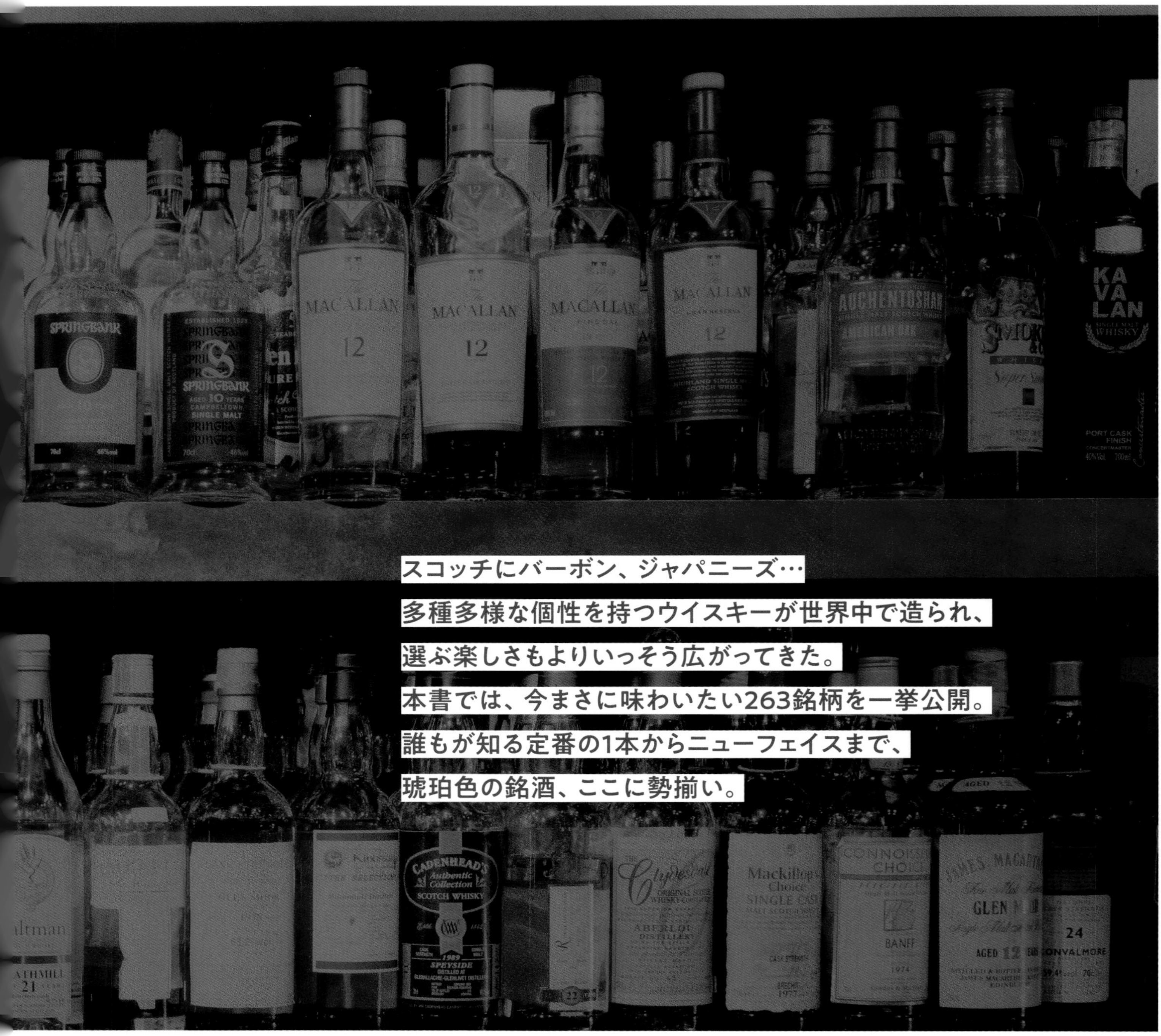

スコッチにバーボン、ジャパニーズ…
多種多様な個性を持つウイスキーが世界中で造られ、
選ぶ楽しさもよりいっそう広がってきた。
本書では、今まさに味わいたい263銘柄を一挙公開。
誰もが知る定番の1本からニューフェイスまで、
琥珀色の銘酒、ここに勢揃い。

スキー263選!

今こそ飲みたい！ 珠玉のウイ

本特集をお楽しみいただくにあたって

○各ウイスキーのテイスティングデータは、本書監修・北村聡のテイスティングによるものです。味や香りの感じ方には個人差があることをふまえたうえでご参照ください。

○掲載価格は2022年5月24日現在での消費税（10％）込みの価格です。今後、さまざまな世界情勢や原材料の高騰等により価格改定される場合もあります。

○ウイスキーの在庫数は日々変動します。もともと生産数が限られるものも多いため、時期によっては掲載商品がすでに完売している場合もあります。

○「ジャパニーズ」（P80～）のカテゴリーでは、日本洋酒酒造組合が策定した「ジャパニーズウイスキー」の定義に合致するものと、日本国内で蒸留された国産のウイスキーの両方を紹介しています。

スコッチ・シングルモルト

SCOTCH SINGLEMALT

冷涼な気候で熟成を重ねた多彩な味わい
6大エリアそれぞれで異なる特徴も魅力

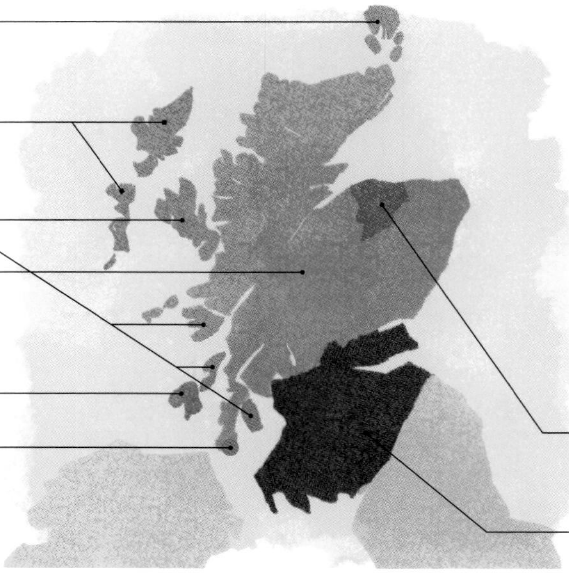

気候風土の違いで生まれる個性

地震や火山活動によって複雑な地形に分断されたスコットランドでは、地域によって気候や湧き水の質が少しずつ異なる。そのため、エリアごとに違った特徴が楽しめるのが大きな魅力だ。

ザ・マッカラン蒸留所

ザ・マッカラン12年

The MACALLAN

スペイサイド

スペイ川流域にスコットランドの約半数の蒸留所が集まるウイスキー造りの“聖地”。

シングルモルト

スコッチの名門を象徴する華やかかつ上品な逸品

1824年からウイスキーを造り続ける老舗の代表的な1本は、ますます人気上昇中。スペイサイドの中では最小のポットスチルでじっくりと蒸留され生み出される味わいは実に濃厚だ。シェリーのほのかな甘い香りの中にソフトなスモーキーさも。

TASTING DATA

味	甘い	辛い
フルーティさ	控えめ	強い
スモーキーさ	控えめ	強い
ボディ感	軽い	どっしり
個性	おだやか	強め
入手難度	容易	レア

おすすめの飲み方

ストレート	オン・ザ・ロック	ハーフロック
ミストスタイル	トワイスアップ	水割り
ハイボール	お湯割り	カクテル

敷地内で大麦の栽培も行うマッカラン社。オロロソというシェリー酒の空き樽を使用し熟成させるのが最大のこだわりだ。

9900円／700ml／40%

販売元 サントリー https://www.suntory.co.jp/whisky/

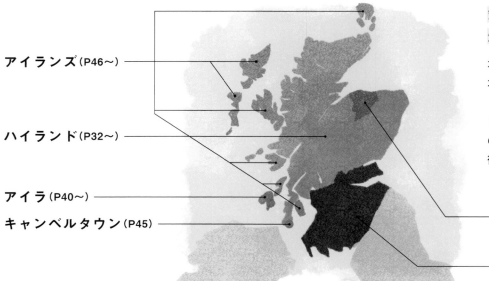

ザ・マッカラン蒸留所

ザ・マッカラン25年

シングルモルト

The MACALLAN

17万6000円／700ml／43%

より豊かな果実香が広がるレア度の高い１本

最低25年寝かせた原酒を使った、マッカランの希少な逸品。シナモンや柑橘類がかすかに香り、濃厚でリッチなフルーツの味わいを存分に堪能できる。

販売元 サントリー https://www.suntory.co.jp/whisky/

ザ・マッカラン蒸留所

ザ・マッカラン30年

シングルモルト

The MACALLAN

31万6800円／700ml／43%

一生に一度は飲みたい30年超の時を経た名品

世界的に希少な１本で、濃いマホガニーブラウンが長期熟成を感じさせる。口あたりは非常にまろやかで、スパイシーさと柑橘系の香りを持つ余韻が豊かに続く。

販売元 サントリー https://www.suntory.co.jp/whisky/

ザ・マッカラン蒸留所

ザ・マッカラン18年

The MACALLAN

シングルモルト

3万5200円／700ml／43%

芳醇な甘味をまとった自然でリッチな熟成感

マッカランのこだわりでもあるシェリー樽で最低18年寝かせた原酒を使用。角が取れ、よりマイルドで芳醇な味わいに。イギリスのお菓子であるトフィーのような、甘く長い余韻も楽しめる。

おすすめの飲み方

ストレート	オン・ザ・ロック	ハーフロック
ミストスタイル	トワイスアップ	水割り
ハイボール	お湯割り	カクテル

TASTING DATA

味	甘い	辛い
フルーティさ	控えめ	強い
スモーキーさ	控えめ	強い
ボディ感	軽い	どっしり
個性	おだやか	強め
入手難度	容易	レア

販売元 サントリー https://www.suntory.co.jp/whisky/

ザ・マッカラン蒸留所

ザ・マッカラン・トリプルカスク12年

The MACALLAN

シングルモルト

8800円／700ml／40%

３種の異なる樽が調和したリッチな麦わら色の逸品

ヨーロピアンオークとアメリカンオークの２つのシェリー樽に、さらにバーボン樽の原酒を加えて熟成。なめらかで繊細な、バランスの良い味わいに仕上がっている。「ダブルカスク12年」との飲み比べも面白い。

おすすめの飲み方

ストレート	**オン・ザ・ロック**	ハーフロック
ミストスタイル	トワイスアップ	水割り
ハイボール	お湯割り	カクテル

TASTING DATA

味	甘い	辛い
フルーティさ	控えめ	強い
スモーキーさ	控えめ	強い
ボディ感	軽い	どっしり
個性	おだやか	強め
入手難度	容易	レア

販売元 サントリー https://www.suntory.co.jp/whisky/

ザ・マッカラン蒸留所

ザ・マッカラン・ダブルカスク12年

The MACALLAN

シングルモルト

8800円／700ml／40%

２つの樽から生まれた原酒がバランス良く融合

12年以上熟成させたヨーロピアンオーク、アメリカンオークのそれぞれのシェリー樽をヴァッティング。洗練されたバランスの中にもマッカランならではの芳醇さが感じられる１本だ。

おすすめの飲み方

ストレート	**オン・ザ・ロック**	ハーフロック
ミストスタイル	トワイスアップ	水割り
ハイボール	お湯割り	カクテル

TASTING DATA

味	甘い	辛い
フルーティさ	控えめ	強い
スモーキーさ	控えめ	強い
ボディ感	軽い	どっしり
個性	おだやか	強め
入手難度	容易	レア

販売元 サントリー https://www.suntory.co.jp/whisky/

グレンフィディック蒸留所

グレンフィディック12年スペシャルリザーブ

Glenfiddich

シングルモルト

5060円／700ml／40%

三角形の底を持つ瓶がトレードマーク 世界で最も売れているシングルモルト

グレンフィディックといえば、底が三角形のボトルが象徴的。こちらの１本はアメリカンオーク樽とスパニッシュオーク樽で、12年以上熟成。柑橘系のフルーティな風味とすっきりとした飲み口は、ウイスキー入門者にもおすすめ。世界中で親しまれている銘柄だ。

おすすめの飲み方

ストレート／オン・ザ・ロック／ハーフロック／ミストスタイル／トワイスアップ／水割り／ハイボール／お湯割り／カクテル

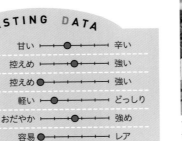

TASTING DATA

味	甘い	辛い
フルーティさ	控えめ	強い
スモーキーさ	控えめ	強い
ボディ感	軽い	どっしり
個性	おだやか	強め
入手難度	容易	レア

1887年創業のグレンフィディック蒸留所。グレンフィディックは“鹿の谷”を意味することから、ボトルにも鹿のイラストが描かれている。

販売元　サントリー　https://www.suntory.co.jp/whisky/

グレンフィディック蒸留所

グレンフィディック18年 スモールバッチリザーブ

Glenfiddich

シングルモルト

1万5400円／700ml／40%

熟した果実やシナモンのような芳醇な香りと長い余韻を堪能

18年以上熟成させたスパニッシュオロロソシェリー樽原酒とアメリカンオーク樽原酒をブレンドし、3ヵ月以上熟成。芳醇な香りと深い味わいがじっくり楽しめる。

販売元　サントリー　https://www.suntory.co.jp/whisky/

グレンフィディック蒸留所

グレンフィディック21年 グランレゼルヴァ

Glenfiddich

シングルモルト

3万6300円／700ml／40%

長期熟成による豊かな香りと柔らかな口あたり

ヨーロピアンシェリー樽とアメリカンオーク樽の原酒をブレンドし、カリビアンラム樽で熟成。バニラやフローラルを思わせる香りとや柔らかな口あたりが心地良い。

販売元　サントリー　https://www.suntory.co.jp/whisky/

グレンフィディック蒸留所

グレンフィディック15年 ソレラリザーブ

Glenfiddich

シングルモルト

9350円／700ml／40%

シェリー酒熟成の製法をシングルモルトに初めて応用

シェリー酒の熟成に用いる製法で、安定した品質のウイスキーを生産できる「ソレラシステム」を応用。バーボンやホワイトオーク、シェリーの3種の樽で熟成させた原酒を使用。ハチミツなどを感じさせる味わい。

おすすめの飲み方

ストレート／オン・ザ・ロック／ハーフロック／ミストスタイル／トワイスアップ／水割り／ハイボール／お湯割り／カクテル

TASTING DATA

味	甘い	辛い
フルーティさ	控えめ	強い
スモーキーさ	控えめ	強い
ボディ感	軽い	どっしり
個性	おだやか	強め
入手難度	容易	レア

販売元　サントリー　https://www.suntory.co.jp/whisky/

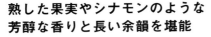

SCOTCH

スコッチ・シングルモルト（スペイサイド）

グレンファークラス蒸留所

グレンファークラス12年

Glenfarclas

シングルモルト

フルーティな甘さとともに
男性的な力強さも味わえる

フルーティな甘い香りの一方で、一本筋の通った男性的な力強さも魅力の本格派。手頃な価格ながらマッカランに匹敵する味わいとの評価もある。舌にズシリとくるストレート、時間とともに味わいが変化していくオン・ザ・ロックのどちらもいける。

おすすめの飲み方

ストレート	**オン・ザ・ロック**	ハーフロック
ミストスタイル	**トワイスアップ**	水割り
ハイボール	お湯割り	カクテル

1836年に創業したグレンファークラスは、今では珍しくなった家族経営を続けている蒸留所。ビジターセンターを建設するなど、観光地化にいち早く取り組み、ウイスキーの発展を後押ししてきた。

TASTING DATA

味	甘い ━━●━━ 辛い	
フルーティさ	控えめ ━━●━━ 強い	
スモーキーさ	控えめ ●━━━ 強い	
ボディ感	軽い ━━●━━ どっしり	
個性	おだやか ━━●━━ 強め	
入手難度	容易 ●━━━ レア	

7480円／700ml／43%

販売元　ミリオン商事株式会社　☎03-3615-0411

グレンファークラス蒸留所

グレンファークラス105
カスクストレングス

Glenfarclas

シングルモルト

高いアルコール度数を誇り
濃厚な味わいと旨味を凝縮

スコッチとしては最高クラスのアルコール度数105プルーフ（60％）を誇り、リンゴ、ハチミツ、バターのような濃厚な香味に豊かなスパイシー感も融合。ほのかなオークの香りも、味をいっそう引き立てている。

おすすめの飲み方

ストレート	**オン・ザ・ロック**	ハーフロック
ミストスタイル	**トワイスアップ**	水割り
ハイボール	お湯割り	カクテル

TASTING DATA

味	甘い ━●━━ 辛い	
フルーティさ	控えめ ━●━━ 強い	
スモーキーさ	控えめ ●━━━ 強い	
ボディ感	軽い ━━━● どっしり	
個性	おだやか ━━━● 強め	
入手難度	容易 ━━●━ レア	

1万1000円／700ml／60%

販売元　ミリオン商事株式会社　☎03-3615-0411

グレンファークラス蒸留所

グレンファークラス
17年

シングルモルト

Glenfarclas

甘みと渋みがバランス良く
余韻も長く楽しめる逸品

蒸留所の現オーナー、ジョン・グラント氏が「最もお気に入りの銘柄」と評価するだけあって、甘みと渋みのバランスが絶妙。上品さに満ちた心地良い味わいも魅力だ。

1万4300円／700ml／43%

販売元　ミリオン商事株式会社　☎03-3615-0411

グレンファークラス蒸留所

グレンファークラス
25年

シングルモルト

Glenfarclas

熟成感あふれる重厚な味わい
ディナー後のデザートに

ハチミツ、コーヒー、ナッツのような香りにあふれ、ディナー後のデザートとして愛飲されている。時間とともにダークチョコレートのような重厚な余韻も広がる。

3万8500円／700ml／43%

販売元　ミリオン商事株式会社　☎03-3615-0411

ザ・グレンリベット蒸留所

ザ・グレンリベット 12年

THE GLENLIVET

シングルモルト

ランタン型の蒸留機で造る 世界的なクラシックモルト

ザ・グレンリベットを代表する、世界的に人気の１本。主にアメリカンオーク樽で熟成され、バニラのような口あたりと独特のスムースさ、そして草原のような爽やかさも感じさせてくれる。こうした風味は、背が高く幅広のランタン型のポットスチルにも由来する。

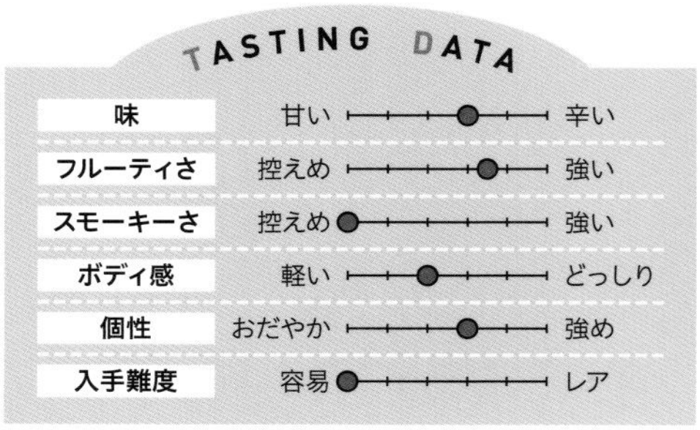

5907円／700ml／40%
※2022年7月より価格変更予定

おすすめの飲み方

ストレート **オン・ザ・ロック** **ハーフロック**
ミストスタイル **トワイスアップ** **水割り**
ハイボール お湯割り カクテル

1824年に政府から第１号の認可を受けると、他にも「グレンリベット」を名乗る蒸留所が続出。そこで頭に「THE」を冠し、本物の証とした。

販売元 ペルノ・リカール・ジャパン株式会社 ☎03-5802-2756(お客様相談室)

ザ・グレンリベット蒸留所

ザ・グレンリベット アーカイブ 21年

THE GLENLIVET

シングルモルト

樽の選定から手作業で造る ブロンズ色の希少品

一つひとつ個別に香りを嗅ぎ、手作業で使用樽を選定。選ばれたアメリカンオークとシェリーの樽を組み合わせ、大胆なリッチさや活力ある強さが感じられる１本に。やさしく長続きする余韻も楽しみたい。

おすすめの飲み方

ストレート オン・ザ・ロック ハーフロック
ミストスタイル トワイスアップ 水割り
ハイボール お湯割り カクテル

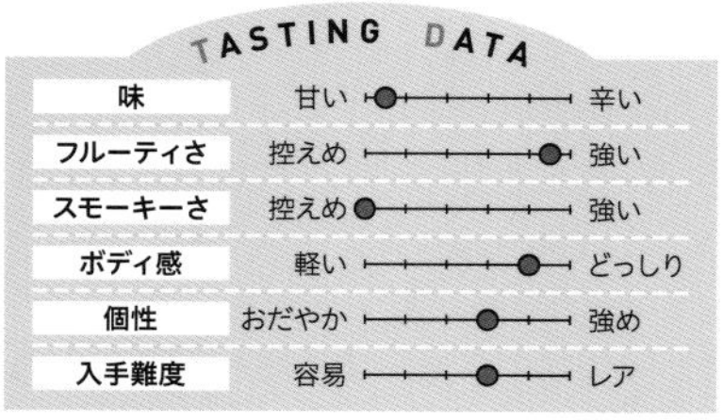

2万5300円／700ml／43%
※2022年7月より価格変更予定

販売元 ペルノ・リカール・ジャパン株式会社 ☎03-5802-2756(お客様相談室)

ザ・グレンリベット蒸留所

ザ・グレンリベット 18年

THE GLENLIVET

シングルモルト

多くの賞を獲得した 優美でバランスの良い逸品

蒸留所のマスター・ディスティラーがさまざまな特徴を持つ原酒を組み合わせ、高い技術で造り上げた。複雑でありながらエレガントでバランスの取れた味わいは、高い評価を受け、数々の賞を獲得。

おすすめの飲み方

ストレート **オン・ザ・ロック** ハーフロック
ミストスタイル トワイスアップ 水割り
ハイボール お湯割り カクテル

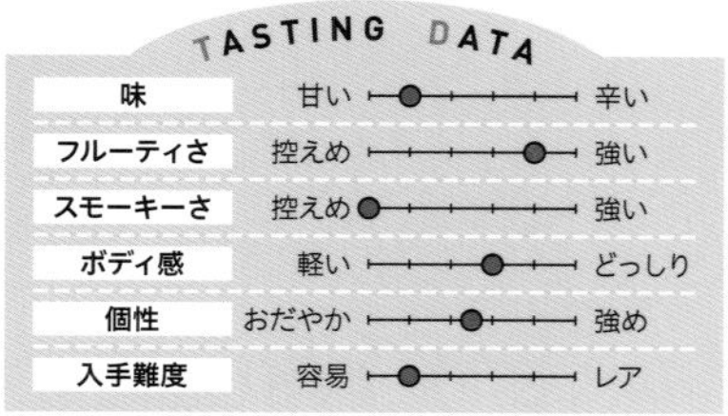

1万2511円／700ml／40%
※2022年7月より価格変更予定

販売元 ペルノ・リカール・ジャパン株式会社 ☎03-5802-2756(お客様相談室)

バルヴェニー蒸留所

ザ・バルヴェニー14年 カリビアンカスク

THE BALVENIE

シングルモルト

1万2100円／700ml／43%
数量限定品

希少なラムカスク銘柄 トフィーのような甘味

バーボン樽で熟成後、希少なカリビアンラムの樽に詰め替え、計14年間熟成。甘い香りがほのかに漂い、トフィーのような甘さの中にも、ビターな味わいがある。やや入手困難だが、一度は飲んでみたい。

おすすめの飲み方

ストレート **オン・ザ・ロック** ハーフロック
ミストスタイル トワイスアップ 水割り
ハイボール お湯割り カクテル

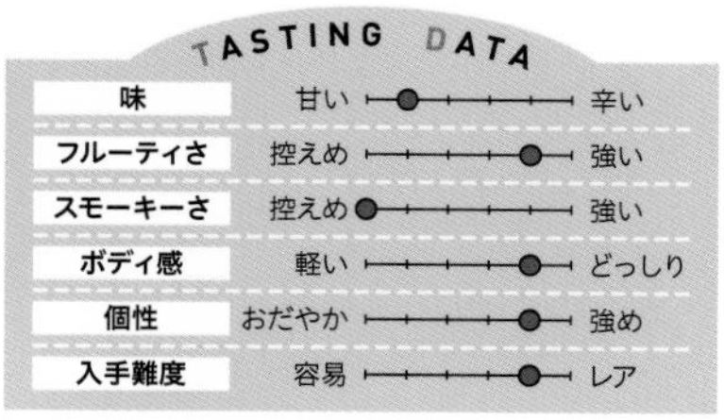

販売元 サントリー https://www.suntory.co.jp/whisky/

バルヴェニー蒸留所

ザ・バルヴェニー12年 ダブルウッド

THE BALVENIE

シングルモルト

7370円／700ml／40%
数量限定品

2種類の樽で12年間熟成 ダブルならではの深い甘味

バルヴェニー蒸留所はグレンフィディックの弟分に当たるが、まったく個性の異なる味わいを造り出している。こちらの1本は、バーボン樽で貯蔵されたあとにシェリー樽で熟成。深みのある甘味が秀逸だ。

おすすめの飲み方

ストレート **オン・ザ・ロック** ハーフロック
ミストスタイル **トワイスアップ** 水割り
ハイボール お湯割り カクテル

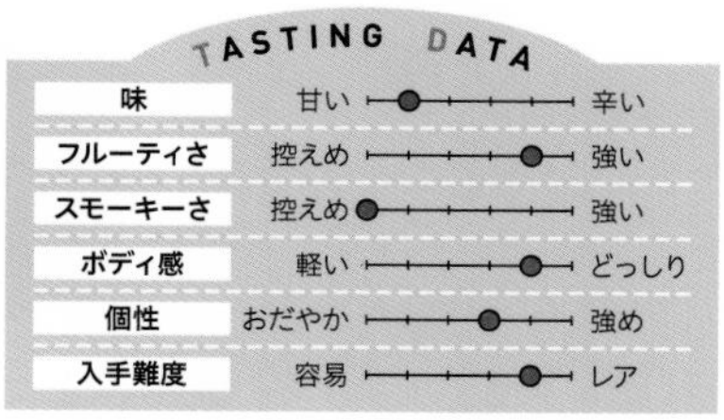

販売元 サントリー https://www.suntory.co.jp/whisky/

グレングラント蒸留所

グレングラント 12年

THE GLEN GRANT

シングルモルト

6600円／700ml／43%

ノンピートの大麦麦芽を使用 明るい黄金色の華やかな1本

12年以上熟成された原酒はノンピートの大麦麦芽を使用。スムースな味わいで、華やかな香りが楽しめる。ハチミツやバニラ、アーモンドなどの香味も。

販売元 CTスピリッツジャパン ☎03-6455-5810(カスタマーサービス)

グレングラント蒸留所

グレングラント アルボラリス

THE GLEN GRANT

シングルモルト

2750円／700ml／40%

“木漏れ日”と名付けられた 軽やかで手頃なシングルモルト

バーボン樽とシェリー樽それぞれで熟成させた原酒を用いたノンエイジの1本。アルボラリスはラテン語で「木漏れ日」を指す通り、軽くやさしい飲み口も魅力だ。

販売元 CTスピリッツジャパン ☎03-6455-5810(カスタマーサービス)

グレングラント蒸留所

グレングラント 10年

THE GLEN GRANT

シングルモルト

4400円／700ml／40%

国際的な賞を数多く獲得 イタリアでも人気の銘柄

「グレングラントだけでBARが開ける」といわれるほどの多彩なラインナップが魅力。イタリアでも人気の「10年」は、ライトでソフトな親しみやすさの中にもフルーティさが加わる。

おすすめの飲み方

ストレート **オン・ザ・ロック** ハーフロック
ミストスタイル トワイスアップ **水割り**
ハイボール お湯割り カクテル

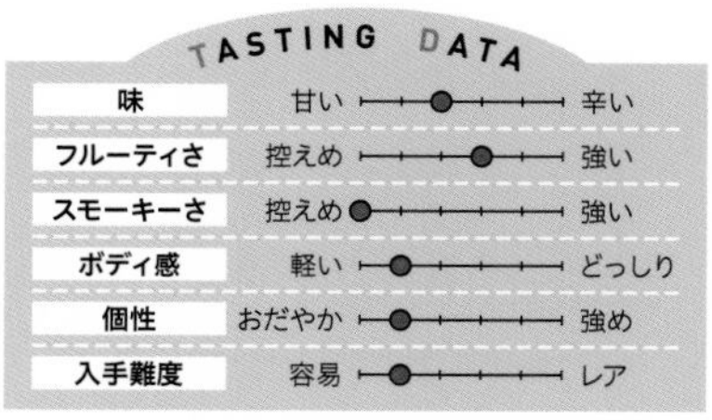

販売元 CTスピリッツジャパン ☎03-6455-5810(カスタマーサービス)

スペイバーン蒸留所

スペイバーン15年

シングルモルト

SPEYBURN

軽やかな味わいの中に 複雑さと熟成感も同居

全体的に軽やかな味わいながら、ドライフルーツやトフィーの香りが複雑に絡み合うかのような奥行きを感じ、熟成度もしっかりしている。シトラスの爽やかさも。

1万1000円／700ml／46%

販売元 三陽物産株式会社 ☎0120-773-373

スペイバーン蒸留所

スペイバーン18年

シングルモルト

SPEYBURN

ダークチョコレートと スパイシーな香りが融合

砂糖をまぶしたアーモンドやトロピカルフルーツが豊かに香る。味わいはクリーミーなダークチョコレートのようでオーク樽のスパイシー感が絶妙にマッチ。

1万4300円／700ml／46%

販売元 三陽物産株式会社 ☎0120-773-373

スペイバーン蒸留所

スペイバーン10年

SPEYBURN

シングルモルト

爽やかで飲みやすい シングルモルト入門用にも

クセがなく、味も軽やかで「飲みやすい」と評判のシングルモルト。レモンライムのような甘酸っぱい爽やかさが口の中に広がり、切れ味も良い。モルトを初めて飲む人や女性におすすめ。価格も比較的求めやすい。

おすすめの飲み方

ストレート	**オン・ザ・ロック**	**ハーフロック**
ミストスタイル	トワイスアップ	**水割り**
ハイボール	お湯割り	カクテル

TASTING DATA

味	甘い	├─┼─●─┼─┼─┤	辛い
フルーティさ	控えめ	├─┼─┼─●─┼─┤	強い
スモーキーさ	控えめ	●─┼─┼─┼─┼─┤	強い
ボディ感	軽い	├─●─┼─┼─┼─┤	どっしり
個性	おだやか	├─●─┼─┼─┼─┤	強め
入手難度	容易	├─┼─┼─●─┼─┤	レア

4235円／700ml／40%

販売元 三陽物産株式会社 ☎0120-773-373

ベンロマック蒸留所

ベンロマック 10年

BENROMACH

シングルモルト

完成度が非常に高い逸品 ストレートで味わいたい

ベンロマックの中でも完成度が非常に高いとされ、受賞歴も多数。小規模生産の蒸留所で造られ、どこか懐かしさを感じる味わいも魅力だ。ハイボールでもしっかりとした味が楽しめる。

おすすめの飲み方

ストレート	**オン・ザ・ロック**	ハーフロック
ミストスタイル	**トワイスアップ**	水割り
ハイボール	お湯割り	カクテル

TASTING DATA

味	甘い	├─┼─●─┼─┼─┤	辛い
フルーティさ	控えめ	├─┼─┼─●─┼─┤	強い
スモーキーさ	控えめ	├─●─┼─┼─┼─┤	強い
ボディ感	軽い	├─┼─┼─●─┼─┤	どっしり
個性	おだやか	├─┼─┼─●─┼─┤	強め
入手難度	容易	├─┼─┼─●─┼─┤	レア

5800円（参考価格）／700ml／43%

販売元 株式会社ジャパンインポートシステム ☎03-3516-0311

グレンエルギン蒸留所

グレン エルギン 12年

GLEN ELGIN

シングルモルト

造り手の技術の粋を堪能 コクのある香りも魅力

かつて「ホワイトホース」の原酒を供給したグレンエルギンの職人芸ともいうべき逸品。アーモンドのようなコクのある香りで、口あたりも良い。水で割ると洋梨のような香りも加わり、違った味わいに。

おすすめの飲み方

ストレート	**オン・ザ・ロック**	ハーフロック
ミストスタイル	**トワイスアップ**	**水割り**
ハイボール	お湯割り	カクテル

TASTING DATA

味	甘い	├─┼─●─┼─┼─┤	辛い
フルーティさ	控えめ	├─┼─┼─┼●┼─┤	強い
スモーキーさ	控えめ	●─┼─┼─┼─┼─┤	強い
ボディ感	軽い	├─┼─●─┼─┼─┤	どっしり
個性	おだやか	├─┼─┼●┼─┼─┤	強め
入手難度	容易	├─┼●┼─┼─┼─┤	レア

6435円／700ml／43%

販売元 MHD モエ ヘネシー ディアジオ株式会社 https://www.mhdkk.com

ベンリアック蒸溜所

ベンリアック12

BENRIACH

シングル
モルト

シェリー樽の芳醇な甘さと フルーティな味わいが共存

ベンリアック蒸溜所は、銘酒「ロングモーン」の蒸留所に隣接しており、その弟分モルトとしても有名。「12年」はシェリー樽特有の芳醇さとスペイサイドならではのフルーティな味わいが共存する。

おすすめの飲み方

ストレート	**オン・ザ・ロック**	ハーフロック
ミストスタイル	トワイスアップ	水割り
ハイボール	お湯割り	カクテル

TASTING DATA

味	甘い	辛い
フルーティさ	控えめ	強い
スモーキーさ	控えめ	強い
ボディ感	軽い	どっしり
個性	おだやか	強め
入手難度	容易	レア

6930円／700ml／46%

販売元 アサヒビール株式会社 ☎ 0120-011-121（お客様相談室）

ベンリアック蒸溜所

ベンリアック10

BENRIACH

シングル
モルト

たわわな果実を感じさせる 甘く豊かな香味

バーボン樽とシェリー樽、ヴァージンオーク樽でそれぞれ熟成した原酒をヴァッティング。ベンリアックらしい、フルーツがたわわに実っているイメージを表現している。味わいはなめらかで、甘い麦芽の余韻も。

おすすめの飲み方

ストレート	**オン・ザ・ロック**	ハーフロック
ミストスタイル	トワイスアップ	水割り
ハイボール	お湯割り	カクテル

TASTING DATA

味	甘い	辛い
フルーティさ	控えめ	強い
スモーキーさ	控えめ	強い
ボディ感	軽い	どっしり
個性	おだやか	強め
入手難度	容易	レア

5709円／700ml／43%

販売元 アサヒビール株式会社 ☎ 0120-011-121（お客様相談室）

モートラック蒸留所

モートラック12年

MORTLACH

シングル
モルト

“野獣”の異名をとる 力強く奥行きのある味わい

圧倒的な力強い味わいから「ダフタウンの野獣」の異名をとる。「2.81回蒸留」と呼ばれる独自の複雑な蒸留方法を経て、厳選した樽で熟成。肉のような旨味を感じさせる奥深い味わいは他の追随を許さない。

おすすめの飲み方

ストレート	**オン・ザ・ロック**	ハーフロック
ミストスタイル	**トワイスアップ**	水割り
ハイボール	お湯割り	カクテル

TASTING DATA

味	甘い	辛い
フルーティさ	控えめ	強い
スモーキーさ	控えめ	強い
ボディ感	軽い	どっしり
個性	おだやか	強め
入手難度	容易	レア

8085円／700ml／43.4%

販売元 MHD モエ ヘネシー ディアジオ株式会社 https://www.mhdkk.com

タムデュー蒸留所

タムデュー12年

TAMDHU

シングル
モルト

熟成はシェリー樽100% 伝統製法を貫く逸品

すべてにおいて高品質のシェリー樽を使用するという伝統の製法を、1897年の設立時から貫く。「12年」はリッチで魅惑的な香りをたたえ、品の良い飲み口。最後にかすかなピート香も。

おすすめの飲み方

ストレート	**オン・ザ・ロック**	ハーフロック
ミストスタイル	トワイスアップ	水割り
ハイボール	お湯割り	カクテル

TASTING DATA

味	甘い	辛い
フルーティさ	控えめ	強い
スモーキーさ	控えめ	強い
ボディ感	軽い	どっしり
個性	おだやか	強め
入手難度	容易	レア

6160円／700ml／43%

販売元 スリーリバーズ ☎ 03-3926-3508

ダフタウン蒸留所
ザ シングルトン ダフタウン 18年
THE SINGLETON

シングルモルト

丁寧に時間をかけて熟成
非常に長い余韻も心地良い

バニラの香りとほんのりとしたトフィーの味わいが特徴。スペイ川の良質な水を使い、長い年月をかけて丹念に造られた1本だ。余韻も非常に長く、ほのかに感じるスパイシーさも心地良い。

オープン価格／700ml／40%

おすすめの飲み方

ストレート	オン・ザ・ロック	ハーフロック
ミストスタイル	トワイスアップ	水割り
ハイボール	お湯割り	カクテル

TASTING DATA

味	甘い →→●→→ 辛い
フルーティさ	控えめ →→→●→ 強い
スモーキーさ	控えめ ●→→→→ 強い
ボディ感	軽い →→→●→ どっしり
個性	おだやか →→→●→ 強め
入手難度	容易 →→●→→ レア

販売元 ディアジオ ジャパン ☎ 0120-014-969（お客様センター・平日10:00～17:00）

ダフタウン蒸留所
ザ シングルトン ダフタウン 12年
THE SINGLETON

シングルモルト

ハイボールにもおすすめの
なめらかで親しみやすい味

今までに60近い賞を獲得してきた「シングルトン ダフタウン」シリーズ。こちらの「12年」はナッツの香りとフルーティな味わいがなめらかで、余韻も長く楽しめる。ハイボールが特におすすめ。

オープン価格／700ml／40%

おすすめの飲み方

ストレート	オン・ザ・ロック	ハーフロック
ミストスタイル	トワイスアップ	水割り
ハイボール	お湯割り	カクテル

TASTING DATA

味	甘い →→●→→ 辛い
フルーティさ	控えめ →→→●→ 強い
スモーキーさ	控えめ ●→→→→ 強い
ボディ感	軽い →→→●→ どっしり
個性	おだやか →→→●→ 強め
入手難度	容易 →●→→→ レア

販売元 ディアジオ ジャパン ☎ 0120-014-969（お客様センター・平日10:00～17:00）

カーデュ蒸留所
カーデュ12年
CARDHU

シングルモルト

柔らかい味わいと甘い香りの
カーデュを代表する逸品

「ジョニーウォーカー」のキーモルトを供給する蒸留所としても知られるカーデュ。こちらの1本は、穏やかなスモーキーさが食欲をそそり、ほのかに西洋スモモやシロップのような甘い香りも楽しめる。

6600円／700ml／40%

おすすめの飲み方

ストレート	オン・ザ・ロック	ハーフロック
ミストスタイル	トワイスアップ	水割り
ハイボール	お湯割り	カクテル

TASTING DATA

味	甘い →→●→→ 辛い
フルーティさ	控えめ →→●→→ 強い
スモーキーさ	控えめ →→●→→ 強い
ボディ感	軽い →→●→→ どっしり
個性	おだやか →→●→→ 強め
入手難度	容易 →→●→→ レア

販売元 日本酒類販売株式会社 ☎ 0120-866-023

グレンアラヒー蒸留所
グレンアラヒー12年
GLENALLACHIE

シングルモルト

スペイサイドでは珍しい
しっかりとした骨格と奥行き

1967年の設立から半世紀にして、ブレンデッドウイスキーの原酒供給元からシングルモルトの造り手へと生まれ変わった。こちらの1本はスペイサイドでは珍しく、しっかりとした骨格と奥行きのある味わいだ。

6930円（参考価格）／700ml／46%

おすすめの飲み方

ストレート	オン・ザ・ロック	ハーフロック
ミストスタイル	トワイスアップ	水割り
ハイボール	お湯割り	カクテル

TASTING DATA

味	甘い →●→→→ 辛い
フルーティさ	控えめ →→→●→ 強い
スモーキーさ	控えめ ●→→→→ 強い
ボディ感	軽い →→→●→ どっしり
個性	おだやか →→→●→ 強め
入手難度	容易 →→→●→ レア

販売元 株式会社ウィスク・イー ☎ 03-3863-1501

クラガンモア蒸留所

クラガンモア12年

CRAGGANMORE

シングルモルト

5115円／700ml／40%

スペイサイドを代表するクラシックなモルト

柔らかな飲み口は、ハードリカーが苦手な女性にもおすすめ。何層にもわたる複雑なフレーバーと力強い味わいが魅力だ。多くの愛好家からはスペイサイドを代表するクラシックなモルトと評されている。

おすすめの飲み方

ストレート	**オン・ザ・ロック**	ハーフロック
ミストスタイル	トワイスアップ	水割り
ハイボール	お湯割り	カクテル

TASTING DATA

味	甘い	辛い
フルーティさ	控えめ	強い
スモーキーさ	控えめ	強い
ボディ感	軽い	どっしり
個性	おだやか	強め
入手難度	容易	レア

販売元 MHD モエ ヘネシー ディアジオ株式会社 https://www.mhdkk.com

アベラワー蒸留所

アベラワー12年 ダブル・カスク マチュアード

ABERLOUR

シングルモルト

6050円／700ml／40%
※2022年7月より「アベラワー12年 ダブル・オーク マチュアード」（6655円）に変更予定

優美かつ豊かな味わいがフランスでも愛される

原酒の熟成には、南スペインのワイン樽から厳選したものを用いたシェリー樽と、バーボン樽を使用。エレガントかつ複雑さが調和した逸品に仕上がった。受賞も多数。フランスで圧倒的な支持を集める1本だ。

おすすめの飲み方

ストレート	**オン・ザ・ロック**	ハーフロック
ミストスタイル	**トワイスアップ**	水割り
ハイボール	お湯割り	カクテル

TASTING DATA

味	甘い	辛い
フルーティさ	控えめ	強い
スモーキーさ	控えめ	強い
ボディ感	軽い	どっしり
個性	おだやか	強め
入手難度	容易	レア

販売元 ペルノ・リカール・ジャパン株式会社 ☎03-5802-2756(お客様相談室)

グレンマレイ蒸留所

グレンターナー ポートカスク・フィニッシュ

Glen Turner

シングルモルト

オープン価格／700ml／40%

フルーティな味わいにほのかな樽の余韻も

グレンマレイ蒸留所は、ブレンデッドウイスキーの原酒とともに、シングルモルトも生産。こちらはバーボン樽で熟成した後にポートワイン熟成樽で1年追熟。リッチなコクとアンズのような甘みが絶妙。

おすすめの飲み方

ストレート	**オン・ザ・ロック**	**ハーフロック**
ミストスタイル	**トワイスアップ**	水割り
ハイボール	お湯割り	カクテル

TASTING DATA

味	甘い	辛い
フルーティさ	控えめ	強い
スモーキーさ	控えめ	強い
ボディ感	軽い	どっしり
個性	おだやか	強め
入手難度	容易	レア

販売元 株式会社明治屋 ☎0120-565-580

グレンマレイ蒸留所

グレンターナー12年

Glen Turner

シングルモルト

オープン価格／700ml／40%

スムースでドライな味わい余韻はハチミツの甘さ

バーボン樽を主体に12年以上かけて丹念に熟成。柑橘系フルーツと花の豊かな香りが漂う。スムースでややドライな味わいとバニラのような濃縮された甘味も特徴だ。ハチミツの甘い余韻も楽しめる。

おすすめの飲み方

ストレート	**オン・ザ・ロック**	ハーフロック
ミストスタイル	トワイスアップ	**水割り**
ハイボール	お湯割り	カクテル

TASTING DATA

味	甘い	辛い
フルーティさ	控えめ	強い
スモーキーさ	控えめ	強い
ボディ感	軽い	どっしり
個性	おだやか	強め
入手難度	容易	レア

販売元 株式会社明治屋 ☎0120-565-580

グレンモーレンジィ蒸留所

グレンモーレンジィ オリジナル

GLENMORANGIE

ハイランド

スコットランドの北部一帯。面積が広く、東西南北で少しずつウイスキーの特徴が異なる。

シングルモルト

華やかさの中に繊細さも 飲みやすく入門者にもおすすめ

硬水を仕込み水に使い「良いウイスキー造りには軟水が適す」という常識を覆した。口に含むと柑橘系の香りが広がり、続いて麦芽のクリアな甘みが魅惑的に味覚をくすぐる。加水するとスッキリした味わいに。まろやかな口あたりは、入門者にもおすすめだ。

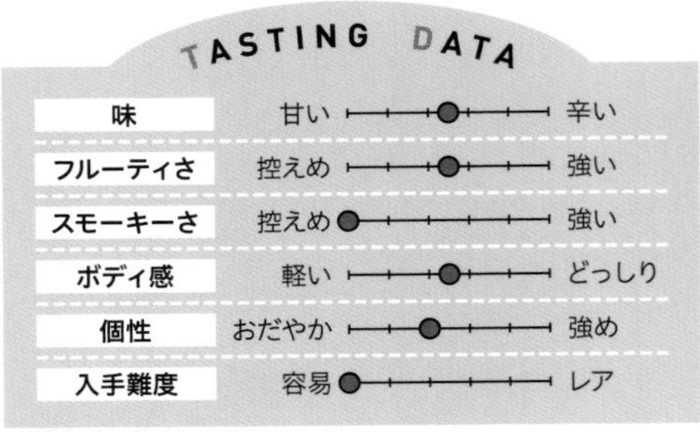

おすすめの飲み方

ストレート	**オン・ザ・ロック**	**ハーフロック**
ミストスタイル	**トワイスアップ**	**水割り**
ハイボール	お湯割り	カクテル

ビール工場だった建物を改造して1843年に創業。スコットランド随一の背丈を誇る5メートル超のポットスチルはグレンモーレンジィの象徴的な存在だ。

6215円／700ml／40%

販売元 MHD モエ ヘネシー ディアジオ株式会社 https://mhdkk.com/brands/glenmorangie/sp

グレンモーレンジィ蒸留所

グレンモーレンジィ シグネット

GLENMORANGIE

シングルモルト

深煎りの大麦麦芽を使用 ベルベットのような味わい

世界で初めてチョコレートモルトを使用するなど、長年の研究の末に革新的な製法で造り上げたシングルモルト。深煎りの大麦麦芽ならではの香ばしい苦みとコクがベルベットのような味わいを醸す。

おすすめの飲み方

ストレート	オン・ザ・ロック	ハーフロック
ミストスタイル	トワイスアップ	水割り
ハイボール	お湯割り	カクテル

2万4200円／700ml／46%

販売元 MHD モエ ヘネシー ディアジオ株式会社 https://mhdkk.com/brands/glenmorangie/sp

グレンモーレンジィ蒸留所

グレンモーレンジィ ラサンタ 12年シェリーカスク

GLENMORANGIE

シングルモルト

シェリー樽で2年間追熟 "情熱"の酒は上品な飲み心地

ラサンタはゲール語で「情熱」の意味。10年ほどバーボン樽で熟成させた後、約2年間シェリー樽で追熟。シェリーカスクの濃厚な香りと上品な甘さが加わった。

7480円／700ml／43%

販売元 MHD モエ ヘネシー ディアジオ株式会社 https://mhdkk.com/brands/glenmorangie/sp

グレンモーレンジィ蒸留所

グレンモーレンジィ キンタ・ルバン14年

GLENMORANGIE

シングルモルト

赤ワインベースの樽で熟す 贅沢感のあるなめらかな味

10年以上バーボン樽で熟成させた後、ルビーポートの樽で追熟させて仕上げた。ブラックチョコレートとミントの風味が際立ち、飲みやすい1本だ。

8965円／700ml／46%

販売元 MHD モエ ヘネシー ディアジオ株式会社 https://mhdkk.com/brands/glenmorangie/sp

トマーティン蒸留所

トマーティン12年

TOMATIN

シングルモルト

マイルドかつ複雑な口あたりは秀逸の一言

1897年創立のトマーティン蒸留所の代表的な「12年」は、ほど良いピートの香りがまろやかで、端正な口あたりが飲む者を飽きさせない。ドライでパワフル、若干の薫香と麦芽の甘さが感じられる琥珀色のウイスキーには、トマーティンの伝統とスピリットが宿る。

おすすめの飲み方

ストレート　オン・ザ・ロック　ハーフロック
ミストスタイル　トワイスアップ　水割り
ハイボール　お湯割り　カクテル

TASTING DATA

味	甘い	辛い
フルーティさ	控えめ	強い
スモーキーさ	控えめ	強い
ボディ感	軽い	どっしり
個性	おだやか	強め
入手難度	容易	レア

トマーティンの仕込み水を採取する「オルタ・ナ・フリス（自由の小川）」。花崗岩地質とピート層を通って湧き出た水からウイスキーは造られる。

6600円／700ml／43%

販売元　国分グループ本社株式会社　☎03-3276-4125

クライヌリッシュ蒸留所

クライヌリッシュ14年

CLYNELISH

シングルモルト

海のような爽やかさと個性あふれるドライな一杯

北海沿いに建つ蒸留所特有の塩気を含んだドライな味わいながら、ナッツの風味とコクも。蜜蝋を思わせる風味も個性的。当初はなじみ客限定で販売され、その後、徐々に生産を増やしたが、入手はやや困難。

おすすめの飲み方

ストレート　オン・ザ・ロック　ハーフロック
ミストスタイル　トワイスアップ　水割り
ハイボール　お湯割り　カクテル

TASTING DATA

味	甘い	辛い
フルーティさ	控えめ	強い
スモーキーさ	控えめ	強い
ボディ感	軽い	どっしり
個性	おだやか	強め
入手難度	容易	レア

8030円／700ml／46%

販売元　MHD モエ ヘネシー ディアジオ株式会社　https://www.mhdkk.com

トマーティン蒸留所

トマーティン14年 ポート・カスク

TOMATIN

シングルモルト

ポートワイン樽で1年間追熟 瑞々しさがさらに際立つ

バーボン樽で13年間成熟させたあと、ポートワイン樽で1年間追熟。ポートの芳香と果実感がトマーティンならではの柔らかな酒質と絶妙に溶け合っている。

1万1000円／700ml／46%

販売元　国分グループ本社株式会社　☎03-3276-4125

トマーティン蒸留所

トマーティン18年

TOMATIN

シングルモルト

丹精込めて造られたモルト 優美な味わいが見事に調和

豊かな自然環境の蒸留所で18年間熟成された原酒から造られ、ボトリング直前にシェリー樽で追熟。複雑で奥の深い香りと味わいは傑作の名に恥じない。

1万9800円／700ml／46%

販売元　国分グループ本社株式会社　☎03-3276-4125

ダルモア蒸留所

ダルモア12年

DALMORE

シングルモルト

オープン価格／
700ml／40%

樽を使い分け重厚な味わいに飲み心地は甘くまろやか

ボトルは12本の角を持つ牡鹿がトレードマーク。シェリー樽とバーボン樽を使用して熟成され、口あたりの軽さとオレンジマーマレードのような甘さが特徴。後味はほろ苦く、重厚な味わいはシガーと合わせてもけっして負けない。食後の一杯にも最適だ。

おすすめの飲み方

ストレート	**オン・ザ・ロック**	ハーフロック
ミストスタイル	**トワイスアップ**	水割り
ハイボール	お湯割り	カクテル

TASTING DATA

味	甘い	辛い
フルーティさ	控えめ	強い
スモーキーさ	控えめ	強い
ボディ感	軽い	どっしり
個性	おだやか	強め
入手難度	容易	レア

「川辺の広大な草地」を意味するダルモア。1839年に設立された自然豊かな蒸留所の敷地内には、大きな建物が立ち並ぶ。

販売元 コルドンヴェール株式会社 ☎022-742-3120

アバフェルディ蒸留所

アバフェルディ12年

ABERFELDY

シングルモルト

ハチミツの香りが印象的幅広い層に愛される逸品

伝統的な製法で作られたシングルモルト。ヘザーハニーと呼ばれるハチミツの香りが特徴で、しっかりと口に残る味わい。後味も甘みを残しながらスパイシーで、オレンジの風味が爽やか。幅広い層に支持される。

3960円(参考価格)／
700ml／40%

おすすめの飲み方

ストレート	**オン・ザ・ロック**	ハーフロック
ミストスタイル	トワイスアップ	水割り
ハイボール	お湯割り	カクテル

TASTING DATA

味	甘い	辛い
フルーティさ	控えめ	強い
スモーキーさ	控えめ	強い
ボディ感	軽い	どっしり
個性	おだやか	強め
入手難度	容易	レア

販売元 バカルディ ジャパン株式会社 https://www.bacardijapan.jp/

ダルモア蒸留所

ダルモア15年

DALMORE

シングルモルト

柑橘系の爽やかさとシェリーの香りが融合

バーボン樽で熟成した後、3種の異なるシェリー樽で追熟。円熟感あふれるリッチで洗練された風味を満喫できる。柑橘系の爽やかなフレーバーと芳醇なシェリーの香りが溶け合い、口あたりもスムース。

オープン価格／
700ml／40%

おすすめの飲み方

ストレート	オン・ザ・ロック	ハーフロック
ミストスタイル	**トワイスアップ**	水割り
ハイボール	お湯割り	カクテル

TASTING DATA

味	甘い	辛い
フルーティさ	控えめ	強い
スモーキーさ	控えめ	強い
ボディ感	軽い	どっしり
個性	おだやか	強め
入手難度	容易	レア

販売元 コルドンヴェール株式会社 ☎022-742-3120

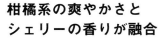

オールドプルトニー蒸留所

オールドプルトニー12年

OLD PULTENEY

シングルモルト

強めの塩辛さと なめらかな口あたりが調和

ニシンの漁で栄えた港町で、1826年からウイスキーを造り続けるオールドプルトニー蒸留所。「12年」の味わいはアイランズモルトに近く、かなり強めの塩辛さが特徴。その一方で、なめらかなやさしい口あたりもあり、両者の調和が複雑な味わいを醸す。

おすすめの飲み方

ストレート	**オン・ザ・ロック**	ハーフロック
ミストスタイル	トワイスアップ	水割り
ハイボール	お湯割り	カクテル

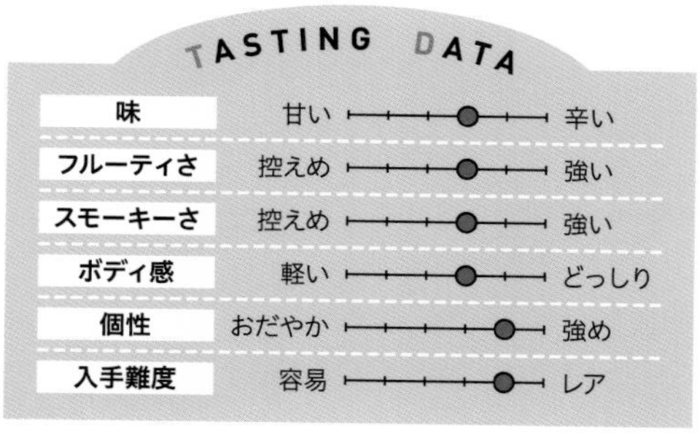

ボトルのデザインは、蒸留所で使われる蒸留機をイメージしたもの。

5500円／700ml／40%

販売元 三陽物産株式会社 ☎ 0120-773-373

エドラダワー蒸留所

エドラダワー10年

EDRADOUR

シングルモルト

南ハイランド生まれの 味も香りも濃厚なシェリー

1825年創業の、南ハイランドに位置する小さな蒸留所で造られるモルト。香りも味わいも濃厚なシェリー樽熟成で、チョコレートやミントなどの甘味とかすかな苦みが調和。ロックもおすすめだ。

おすすめの飲み方

ストレート	**オン・ザ・ロック**	ハーフロック
ミストスタイル	**トワイスアップ**	水割り
ハイボール	お湯割り	カクテル

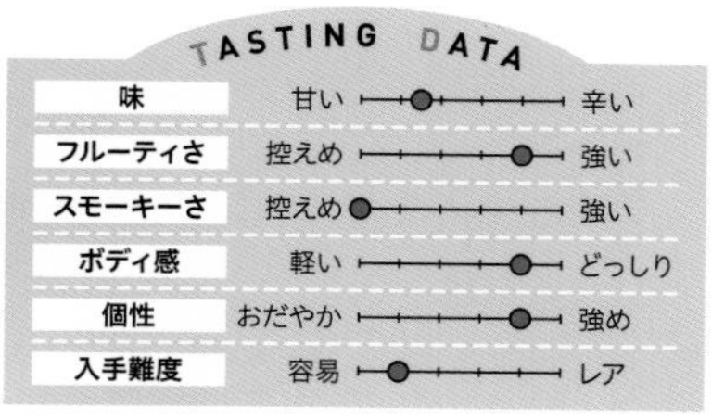

8030円／700ml／40%

販売元 ボニリジャパン株式会社 ☎ 0798-39-1700

オールドプルトニー蒸留所

オールドプルトニー 15年

OLD PULTENEY

シングルモルト

リッチな甘味とスパイス感 海を感じさせる余韻も

アメリカンオークのバーボン樽で熟成させたあと、スパニッシュオークのオロロソ樽で完成させた。スパイス感と甘味が重なり、塩辛い海のような余韻も。

1万4300円／700ml／46%

販売元 三陽物産株式会社 ☎ 0120-773-373

オールドプルトニー蒸留所

オールドプルトニー 18年

OLD PULTENEY

シングルモルト

異なる2つの樽で18年以上熟成 とろけるような贅沢な甘味

バーボン樽、オロロソ樽と異なる2つの樽で18年もの年月をかけて熟成。濃厚なチョコレート風味とハチミツがけのスパイス感が重なり、とろけるような贅沢感だ。

1万9800円／700ml／46%

販売元 三陽物産株式会社 ☎ 0120-773-373

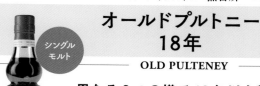

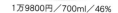

グレンゴイン蒸溜所

グレンゴイン21年

GLENGOYNE

シングルモルト

1万7380円／700ml／43%

ファーストフィルにこだわり豊かで成熟した飲み心地

シェリー樽で21年間熟成させ、ファーストフィルのシングルモルトだけを使用。麦芽そのものの味わいをストレートに楽しめ、豊かで成熟した飲み心地。シェリー系モルトでは比較的手頃で、欧州市場で人気。

おすすめの飲み方

ストレート	オン・ザ・ロック	ハーフロック
ミストスタイル	トワイスアップ	水割り
ハイボール	お湯割り	カクテル

TASTING DATA

味	甘い	辛い
フルーティさ	控えめ	強い
スモーキーさ	控えめ	強い
ボディ感	軽い	どっしり
個性	おだやか	強め
入手難度	容易	レア

販売元 アサヒビール株式会社 ☎0120-011-121(お客様相談室)

グレンゴイン蒸溜所

グレンゴイン10年

GLENGOYNE

シングルモルト

4180円／700ml／40%

ノンピートのやさしい味わい刺身に合う珍しいスコッチ

純粋な麦芽フレーバーへのこだわりから、ピートを炊き込まない麦芽を使用。シェリー樽とリフィル樽で熟成させたこちらは、喉越しがまろやか。刺身などの和食にも合うスコッチとして、日本でも好評だ。

おすすめの飲み方

ストレート	**オン・ザ・ロック**	**ハーフロック**
ミストスタイル	トワイスアップ	水割り
ハイボール	お湯割り	カクテル

TASTING DATA

味	甘い	辛い
フルーティさ	控えめ	強い
スモーキーさ	控えめ	強い
ボディ感	軽い	どっしり
個性	おだやか	強め
入手難度	容易	レア

販売元 アサヒビール株式会社 ☎0120-011-121(お客様相談室)

グレンドロナック蒸溜所

グレンドロナック18年

GLENDRONACH

シングルモルト

1万4388円／700ml／46%

濃厚で心地良い飲みごたえビターチョコのような余韻

スペイン最高級のオロロソシェリーカスクで熟成。甘い芳香にフルーツコンポートとモレロチェリーの風味が心地良い。味わいは濃厚で、しっかりとした飲みごたえ。ビターチョコのような余韻も。

おすすめの飲み方

ストレート	オン・ザ・ロック	ハーフロック
ミストスタイル	トワイスアップ	水割り
ハイボール	お湯割り	カクテル

TASTING DATA

味	甘い	辛い
フルーティさ	控えめ	強い
スモーキーさ	控えめ	強い
ボディ感	軽い	どっしり
個性	おだやか	強め
入手難度	容易	レア

販売元 アサヒビール株式会社 ☎0120-011-121(お客様相談室)

グレンドロナック蒸溜所

グレンドロナック12年

GLENDRONACH

シングルモルト

6347円／700ml／43%

シェリー樽熟成にこだわるハイランドモルトの入門編

辛口のオロロソや極甘口のペドロヒメネスなどのシェリーを熟成したヨーロピアンオーク樽のみを使用。バランスが良く、香りも豊か。ハイランドモルトの入門編にもおすすめの1本だ。

おすすめの飲み方

ストレート	**オン・ザ・ロック**	ハーフロック
ミストスタイル	トワイスアップ	水割り
ハイボール	お湯割り	カクテル

TASTING DATA

味	甘い	辛い
フルーティさ	控えめ	強い
スモーキーさ	控えめ	強い
ボディ感	軽い	どっしり
個性	おだやか	強め
入手難度	容易	レア

販売元 アサヒビール株式会社 ☎0120-011-121(お客様相談室)

ダルウィニー蒸留所

ダルウィニー15年

DALWHINNIE

シングルモルト

高い標高で生まれる 心地良い余韻のモルト

スコットランドで２番目に高い、標高326mの蒸留所で造られるシングルモルト。ハチミツの風味の奥にバニラやモルトの香りも潜み、ほのかなピート香も。麦芽の長い余韻を楽しみたい。

7865円／700ml／43%

おすすめの飲み方

ストレート **オン・ザ・ロック** ハーフロック
ミストスタイル トワイスアップ 水割り
ハイボール お湯割り カクテル

TASTING DATA

味	甘い	辛い
フルーティさ	控えめ	強い
スモーキーさ	控えめ	強い
ボディ感	軽い	どっしり
個性	おだやか	強め
入手難度	容易	レア

販売元 MHD モエ ヘネシー ディアジオ株式会社 https://www.mhdkk.com

オーバン蒸留所

オーバン14年

OBAN

シングルモルト

個性豊かで古典的なモルト 西ハイランドの代表銘柄

オーバンは「小さな湾」の意味。ハイランドとアイランズの境界で造られたモルトは「デュワーズ」の原酒にも用いられる古典的な味わい。ほど良いコクとスムースな味わいはフルーティで、海藻風味もある。

1万65円／700ml／43%

おすすめの飲み方

ストレート **オン・ザ・ロック** ハーフロック
ミストスタイル **トワイスアップ** 水割り
ハイボール お湯割り カクテル

TASTING DATA

味	甘い	辛い
フルーティさ	控えめ	強い
スモーキーさ	控えめ	強い
ボディ感	軽い	どっしり
個性	おだやか	強め
入手難度	容易	レア

販売元 MHD モエ ヘネシー ディアジオ株式会社 https://www.mhdkk.com

mini COLUMN

スモーキーな風味を添える「ピート」

ウイスキー造りの麦芽を乾燥させる工程で燃料として使われるピート（泥炭）。野草や水生植物などが炭化したもので、スコットランドはこのピート層に覆われている。ピートを使ったスモーキーな香りはウイスキーの個性を大きく特徴付ける要素のひとつで、このピート香がしっかり効いたものを好む愛好家も多い。

かつては手作業によるピート掘りが行われていたが、現在では機械化が進んでいる。

ロイヤルロッホナガー蒸留所

ロイヤルロッホナガー12年

ROYAL LOCHNAGAR

シングルモルト

英国王室御用達のスコッチ 甘味から酸味へと変化

「王室御用達」の証である「ロイヤル」の名を冠し、ヴィクトリア女王も愛した１本。繊細な味わいで、甘さの後には酸味も。女王は極上のボルドーワインにこちらを数滴垂らして飲んだともいわれている。

オープン価格／700ml／40%

おすすめの飲み方

ストレート **オン・ザ・ロック** ハーフロック
ミストスタイル トワイスアップ 水割り
ハイボール お湯割り カクテル

TASTING DATA

味	甘い	辛い
フルーティさ	控えめ	強い
スモーキーさ	控えめ	強い
ボディ感	軽い	どっしり
個性	おだやか	強め
入手難度	容易	レア

販売元 ディアジオ ジャパン ☎0120-014-969（お客様センター・平日10:00〜17:00）

アードモア蒸留所

アードモアレガシー

THE ARDMORE

シングルモルト

3300円／700ml／40%

2016年に初登場 ラベルには鷲の守り神も

2016年リリースの比較的新しいシングルモルト。ピートの効いたスモーキーさの中にバニラの甘さや柑橘系フルーツの香りが漂う。ラベルには蒸留所の守り神である鷲が描かれている。

おすすめの飲み方

ストレート	オン・ザ・ロック	ハーフロック
ミストスタイル	トワイスアップ	水割り
ハイボール	お湯割り	カクテル

TASTING DATA

味	甘い	辛い
フルーティさ	控えめ	強い
スモーキーさ	控えめ	強い
ボディ感	軽い	どっしり
個性	おだやか	強め
入手難度	容易	レア

販売元 サントリー https://www.suntory.co.jp/whisky/

フェッターケン蒸留所

フェッターケン12年

FETTERCAIRN

シングルモルト

8250円／700ml／40%

スパイシーさとライトな味わいが見事に調和

バーボン樽で熟成したことによって、柔らかなスパイシーさに加えてバニラや梨の香りも感じさせる。すっきりしたライトな味わいで、トロピカルフルーツの甘みに、コーヒーのようなほのかな苦みも調和。

おすすめの飲み方

ストレート	オン・ザ・ロック	ハーフロック
ミストスタイル	トワイスアップ	水割り
ハイボール	お湯割り	カクテル

TASTING DATA

味	甘い	辛い
フルーティさ	控えめ	強い
スモーキーさ	控えめ	強い
ボディ感	軽い	どっしり
個性	おだやか	強め
入手難度	容易	レア

販売元 株式会社明治屋 ☎0120-565-580

mini COLUMN

琥珀色のスコッチが生まれたワケは“密造酒”をシェリー樽に隠したから

イングランドがスコットランドを併合したのは1707年のこと。それから財源確保のためにスコットランドでも酒税が課されることに。

当時、合法的な蒸留所というのはほぼなく、ほとんどが密造だった。密造業者たちは課税を免れるために山奥へ逃れ、それぞれの地でウイスキーを造るようになったのだという。これが、地域ごとに個性豊かなウイスキーが存在するスコッチウイスキーのルーツでもある。

密造業者の中には当時貴族の間で飲まれていたシェリーの空き樽にお酒を隠す者も。数年経って樽を開けてみたところ、熟成して琥珀色に変化していたのだという。

この〝偶然の産物〟の味わいが徐々に広まり、その後数百年以上にわたって世界的に愛されるお酒になったのだから、歴史というのは面白いものだ。

バルブレア蒸留所

バルブレア18年

BALBLAIR

シングルモルト

見事なバランス感を有するバニラ香とスパイシーさ

アメリカンオークのバーボン樽で熟成後、ファーストフィルのシェリー樽で追熟。バーボンのバニラ香とシェリーのスパイシーさがレーズンのような味わいと見事に調和し、複雑な香味を醸し出す。

2万1450円／700ml／46%

おすすめの飲み方

ストレート オン・ザ・ロック ハーフロック
ミストスタイル トワイスアップ 水割り
ハイボール お湯割り カクテル

TASTING DATA

味	甘い	辛い
フルーティさ	控えめ	強い
スモーキーさ	控えめ	強い
ボディ感	軽い	どっしり
個性	おだやか	強め
入手難度	容易	レア

販売元 三陽物産株式会社 ☎0120-773-373

バルブレア蒸留所

バルブレア12年

BALBLAIR

シングルモルト

230年の歴史を持つハイランドの銘酒

バルブレアはハイランドで2番目に古い、1790年設立の蒸留所。「12年」はバーボン樽と内側を2回焼いたアメリカンオーク樽を組み合わせて熟成。レモンピールを思わせる爽やかさにバニラ香も漂う。

7480円／700ml／46%

おすすめの飲み方

ストレート **オン・ザ・ロック** ハーフロック
ミストスタイル トワイスアップ 水割り
ハイボール お湯割り カクテル

TASTING DATA

味	甘い	辛い
フルーティさ	控えめ	強い
スモーキーさ	控えめ	強い
ボディ感	軽い	どっしり
個性	おだやか	強め
入手難度	容易	レア

販売元 三陽物産株式会社 ☎0120-773-373

mini COLUMN

ボトラーズブランドはオフィシャルにはない魅力も

スコッチウイスキーには、蒸留所や自社でボトリングされるオフィシャル（蒸留所元詰）ボトルのほかに、ボトラーズ（瓶詰業者）と呼ばれる別の会社でボトリングされる「ボトラーズブランド」がある。

スコットランドではもともと、ウイスキーは樽で販売されており、それを酒販店や百貨店などが買い取って独自にボトリングするという仕組みがある。そのためボトリングを専門に行う業者が増えていくことになる。

ボトラーズブランドには、オフィシャルにはない熟成年数のものや、オフィシャルボトルでは出回らないウイスキーなども。ラベルやボトルにも凝ったものが多く、愛好家が多い。ウイスキーを豊富に取り扱う専門店などで探してみてほしい。

オフィシャルボトル
「ザ・マッカラン18年」のオフィシャルボトル

ボトラーズブランド
ボトラーズのゴードン&マクファイル社から販売されていた「スペイモルトフロムマッカラン1969」

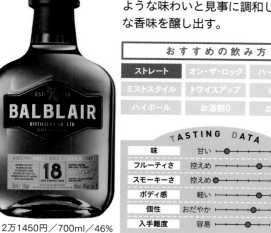

アードベッグ蒸留所

アードベッグ10年

ARDBEG

シングルモルト

6985円／700ml／46%

アイラ

島の約４分の１がピート（泥炭）層に覆われているため、スモーキーなウイスキーが多い。

アイラモルトの中でも際立つ強いピート香と繊細な甘さ

その強烈なスモーキーさで、世界中にファンの多いアードベッグ。こちらの「TEN（10年）」は、ピート香の中にも繊細な甘みが感じられ、それらが見事に調和。口に含むとふくよかな厚みが少しずつ変化していく。ハイボールにしてもそのボディは崩れにくい。

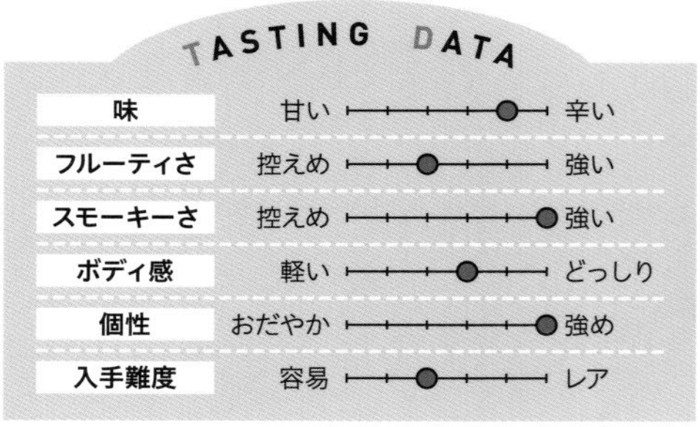

おすすめの飲み方

ストレート	オン・ザ・ロック	ハーフロック
ミストスタイル	トワイスアップ	水割り
ハイボール	お湯割り	カクテル

アードベッグの名は「小さな岬」に由来。蒸留所は、まさにそんな岬にせり出すように建てられている。

販売元 MHD モエ ヘネシー ディアジオ株式会社 https://ardbegjapan.com

アードベッグ蒸留所

アードベッグ コリーヴレッカン

ARDBEG

シングルモルト

1万2540円／700ml／57.1%

力強いアイラの“渦潮”強烈なスモーキーさを堪能

アイラ島北部に発生する渦潮の名に由来する「コリーヴレッカン」。フレンチオークの新樽に由来するスパイシーさとスモーキーさが力強く表現されている。

販売元 MHD モエ ヘネシー ディアジオ株式会社 https://ardbegjapan.com

アードベッグ蒸留所

アードベッグ ウィー・ビースティー5年

ARDBEG

シングルモルト

5940円／700ml／47.4%

“若さ”を武器にしたアードベッグの個性派

熟成年数の短いウイスキーほどピート香が際立つといわれる中、あえてその若さを武器に、アードベッグの中で“破壊的”とも言えるスモーキーな個性をアピール。

販売元 MHD モエ ヘネシー ディアジオ株式会社 https://ardbegjapan.com

アードベッグ蒸留所

アードベッグ ウーガダール

ARDBEG

シングルモルト

1万615円／700ml／54.2%

仕込み水の湖の名を冠した贅沢な甘さが味わえる逸品

「ウーガダール」は仕込み水の湖の名にちなむ。バーボン樽の原酒にシェリー樽の長期熟成原酒をブレンドすることで、ドライフルーツのような甘さとスモーキーさが融合。加水しないカスク・ストレングスタイプ。

おすすめの飲み方

ストレート	オン・ザ・ロック	ハーフロック
ミストスタイル	トワイスアップ	水割り
ハイボール	お湯割り	カクテル

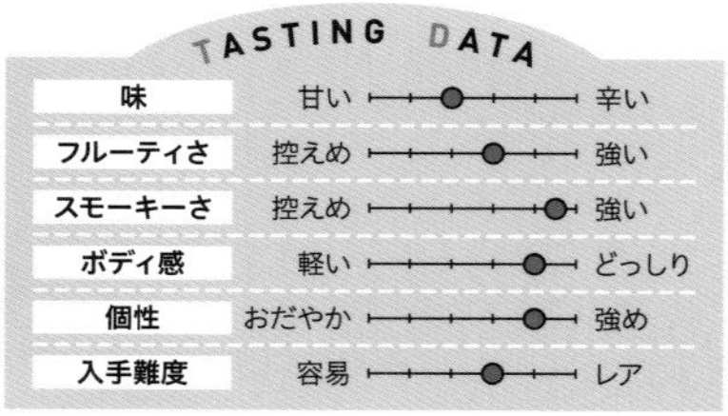

販売元 MHD モエ ヘネシー ディアジオ株式会社 https://ardbegjapan.com

ラガヴーリン蒸留所

ラガヴーリン16年

LAGAVULIN

愛好家が“最後にたどり着く”強烈かつエレガントな銘酒

ラガヴーリンは、長期熟成に自信とこだわりを見せる、アイラの巨人。パワフルで強烈なピート香に、円熟味を帯びたエレガントさが内在する。アイラモルト愛好家が「最後にたどり着く」といわれる銘酒だ。

おすすめの飲み方

ストレート	**オン・ザ・ロック**	ハーフロック
ミストスタイル	**トワイスアップ**	水割り
ハイボール	お湯割り	カクテル

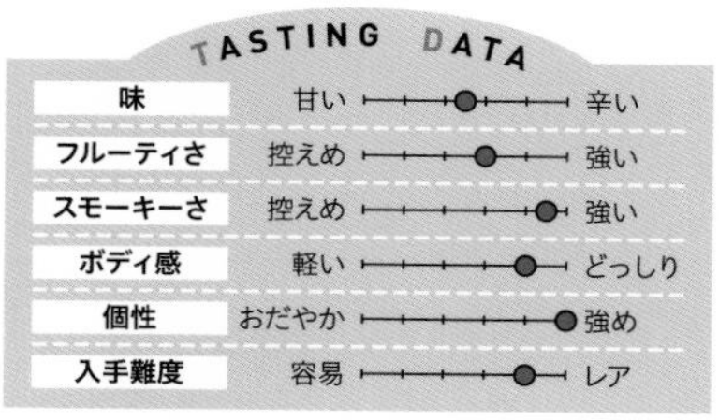

1万1220円／700ml／43%

販売元　MHD モエ ヘネシー ディアジオ株式会社　https://www.mhdkk.com

ラガヴーリン蒸留所

ラガヴーリン8年

LAGAVULIN

設立200周年記念の限定品が満を持して定番化

初リリースは、蒸留所の設立200周年を迎えた2016年。当初は限定品としての発売だったが、世界中から高い評価を得て定番商品に。甘く、香り高いスモーキーさでラガヴーリンらしさが存分に表現されている。

おすすめの飲み方

ストレート	**オン・ザ・ロック**	ハーフロック
ミストスタイル	**トワイスアップ**	水割り
ハイボール	お湯割り	カクテル

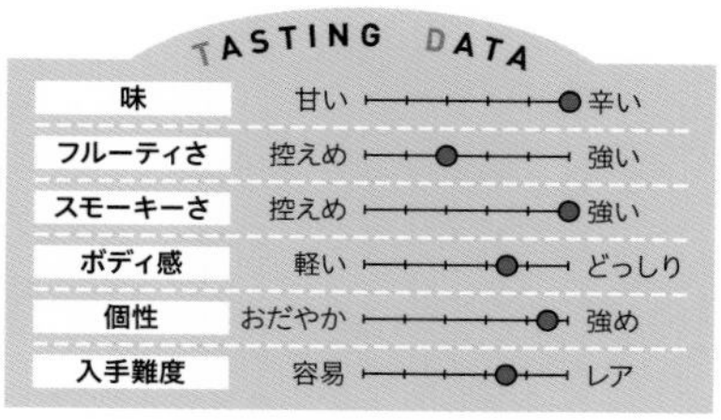

7040円／700ml／48%

販売元　MHD モエ ヘネシー ディアジオ株式会社　https://www.mhdkk.com

ラフロイグ蒸留所

ラフロイグ　セレクト

LAPHROAIG

2つの樽をヴァッティング「10年」よりマイルドに

バーボン樽のファーストフィルを使用する「10年」に対し、こちらはバーボン樽とシェリー樽をヴァッティングさせた後、さらにアメリカンオーク樽で追熟。マイルドながら味の幅は豊かに感じられる。

おすすめの飲み方

ストレート	**オン・ザ・ロック**	**ハーフロック**
ミストスタイル	**トワイスアップ**	水割り
ハイボール	お湯割り	カクテル

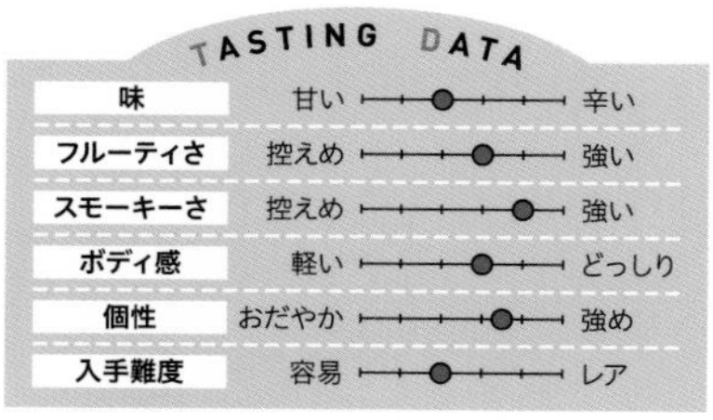

4400円／700ml／40%

販売元　サントリー　https://www.suntory.co.jp/whisky/

ラフロイグ蒸留所

ラフロイグ10年

LAPHROAIG

好みが分かれる明確な個性で世界に名だたる“アイラの王”

コケなどを多く含む敷地内のピートが独特の薬品香を産み、その強烈な個性によって世界中の愛好家を魅了してきた。フルボディの重厚な味わいは舌にずっしりと響き、海藻を思わせる余韻もユニークで楽しい。

おすすめの飲み方

ストレート	**オン・ザ・ロック**	ハーフロック
ミストスタイル	トワイスアップ	水割り
ハイボール	お湯割り	カクテル

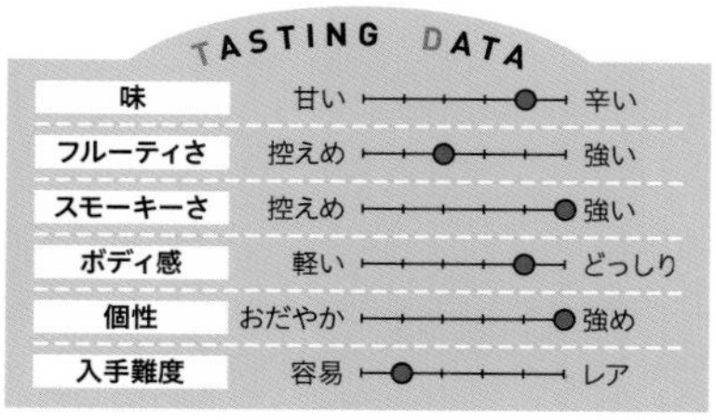

6160円／750ml／43%

販売元　サントリー　https://www.suntory.co.jp/whisky/

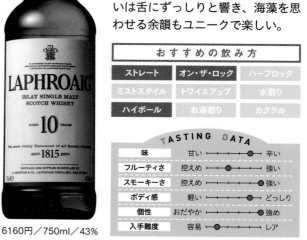

ボウモア蒸留所

ボウモア12年

BOWMORE

シングルモルト

海に抱かれ熟成される まろやかな“アイラの女王”

1779年に創業した蒸留所は、アイラ島の中で最も長い歴史を持つ。海に抱かれた町で熟した「12年」はおだやかなスモーキーさの中に、花やハチミツを思わせる華やかさが漂う。まろやかに品良く仕上がった味わいは“女王”らしく、入門者にもやさしい。

おすすめの飲み方

ストレート	**オン・ザ・ロック**	ハーフロック
ミストスタイル	トワイスアップ	水割り
ハイボール	お湯割り	カクテル

アイラ島最古の蒸留所。貯蔵庫は海抜0メートルに位置し、ときには壁に波が押し寄せながらウイスキーに潮の香りを授ける。

TASTING DATA

味	甘い	辛い
フルーティさ	控えめ	強い
スモーキーさ	控えめ	強い
ボディ感	軽い	どっしり
個性	おだやか	強め
入手難度	容易	レア

4840円／700ml／40%

販売元 サントリー https://www.suntory.co.jp/whisky/

カリラ蒸留所

カリラ12年

CAOL ILA

シングルモルト

海峡を望む蒸留所の 軽やかでスモーキーなモルト

アイラ海峡を望む風光明媚な場所で生まれる、軽やかなシングルモルト。淡い麦わら色をまとい、クリーンで食欲をそそる香りの中にかすかなフルーティさとスモーキーさが感じられる。長く続く余韻も魅力。

おすすめの飲み方

ストレート	**オン・ザ・ロック**	ハーフロック
ミストスタイル	トワイスアップ	水割り
ハイボール	お湯割り	カクテル

TASTING DATA

味	甘い	辛い
フルーティさ	控えめ	強い
スモーキーさ	控えめ	強い
ボディ感	軽い	どっしり
個性	おだやか	強め
入手難度	容易	レア

6710円／700ml／43%

販売元 MHD モエ ヘネシー ディアジオ株式会社 https://www.mhdkk.com

ボウモア蒸留所

ボウモア18年

BOWMORE

シングルモルト

シェリー樽原酒を多く使用 贅沢な甘みを存分に味わう

ボウモアらしいやさしいスモーキーさに濃厚な甘みが加わった贅沢な1本。熟したフルーティさも表現されている。ボウモアは造られた時代ごとに味の変遷が楽しめるため、機会があればぜひ飲み比べを。

おすすめの飲み方

ストレート	**オン・ザ・ロック**	ハーフロック
ミストスタイル	**トワイスアップ**	水割り
ハイボール	お湯割り	カクテル

TASTING DATA

味	甘い	辛い
フルーティさ	控えめ	強い
スモーキーさ	控えめ	強い
ボディ感	軽い	どっしり
個性	おだやか	強め
入手難度	容易	レア

1万560円／700ml／43%

販売元 サントリー https://www.suntory.co.jp/whisky/

ブルックラディ蒸留所

ブルックラディ ザ・クラシック・ラディ

BRUICHLADDICH

シングルモルト

5500円／700ml／50%

アイラでは希少なノンピート 洗練された爽やかな風味に

アイラモルトの“代名詞”とも言えるピートを使わないのがブルックラディの基本。青いボトルが目印のこちらは、スコットランドの大麦を100%使い、大麦糖やミント、さまざまな野花の芳香がハーモニーを構成。洗練された爽やかな味わいが楽しめる。

おすすめの飲み方

ストレート／オン・ザ・ロック／ハーフロック／ミストスタイル／トワイスアップ／水割り／ハイボール／お湯割り／カクテル

TASTING DATA

味	甘い	辛い
フルーティさ	控えめ	強い
スモーキーさ	控えめ	強い
ボディ感	軽い	どっしり
個性	おだやか	強め
入手難度	容易	レア

「アイラ生まれ」であることのこだわりを貫き、ボトリングまで島で行う。最近はピートを使ったものも造り、ラインナップの幅がより広がった。

販売元 Remy Cointreau Japan株式会社 ☎ 03-6441-3020

ハンターレイン社

スカラバス

SCARABUS

シングルモルト

5400円（参考価格）／700ml／46%

アイラの秘境にちなんだ ボトラーズブランド発の1本

ボトラーズブランドであるハンターレイン社が商品化。「岩の多い場所」を意味するアイラの秘境にちなんで名付けられた。原酒の蒸留所は明かされていないものの、愛好家の評価も高い。

おすすめの飲み方

ストレート／オン・ザ・ロック／ハーフロック／ミストスタイル／トワイスアップ／水割り／ハイボール／お湯割り／カクテル

TASTING DATA

味	甘い	辛い
フルーティさ	控えめ	強い
スモーキーさ	控えめ	強い
ボディ感	軽い	どっしり
個性	おだやか	強め
入手難度	容易	レア

販売元 株式会社ジャパンインポートシステム ☎ 03-3516-0311

ブルックラディ蒸留所

ポートシャーロット 10年

PORT CHARLOTTE

シングルモルト

6820円／700ml／50%

ブランド史上初の年数表記 力強さに熟成の深みも加わる

モルト感とヘビー・ピートの力強さを持ちながら、10年熟成の深みが加わり、焚火の後のようなスモーキーさをしっかり味わえる逸品に仕上がった。

販売元 Remy Cointreau Japan株式会社 ☎ 03-6441-3020

ブルックラディ蒸留所

オクトモア12.1 スコティッシュ・バーレイ

OCTOMORE

シングルモルト

1万8700円／700ml／59.90%

世界最強ピートの130ppm 味わいは繊細で軽やか

ピートの強さを示すフェノール値が130ppmと、アイラモルトの中でも桁外れのオクトモア。しかし味わいは軽やかかつ繊細で、トーストしたライ麦パンを思わせる。

販売元 Remy Cointreau Japan株式会社 ☎ 03-6441-3020

キルホーマン蒸留所

キルホーマン サナイグ

KILCHOMAN

シングルモルト

オロロソシェリー樽熟成の重厚感ある味わい

アイラ島のピートをたっぷり炊き込んだ、フェノール値50ppmの麦芽を使用。バーボンのカラーが色濃い「マキヤーベイ」とは対照的に、オロロソシェリー樽ならではの重厚感ある味わいを楽しみたい。

7700円（参考価格）／700ml／46%

おすすめの飲み方

ストレート	**オン・ザ・ロック**	ハーフロック
ミストスタイル	トワイスアップ	水割り
ハイボール	お湯割り	カクテル

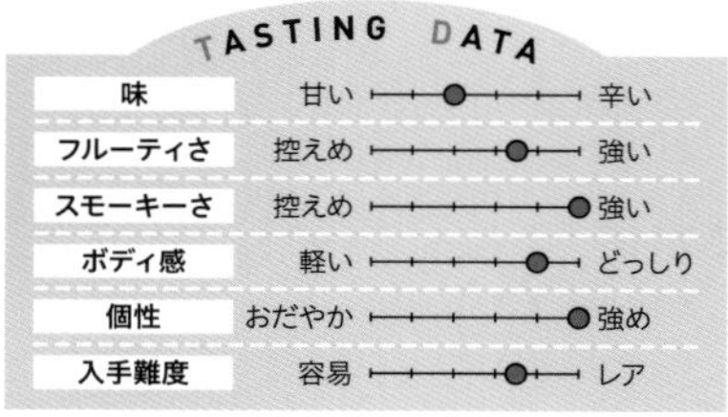

販売元 株式会社ウィスク・イー ☎ 03-3863-1501

キルホーマン蒸留所

キルホーマン マキヤーベイ

KILCHOMAN

シングルモルト

ヘビーピートの麦芽使用 アイラの骨太な一本

2005年、アイラ島に124年ぶりに誕生した蒸留所として話題に。こちらはヘビーピートの大麦麦芽を使用し、バーボン樽で熟成させた原酒をメインに仕上げた。シトラス、バニラ、ピートの三位一体の香りが秀逸。

6050円（参考価格）／700ml／46%

おすすめの飲み方

ストレート	**オン・ザ・ロック**	ハーフロック
ミストスタイル	トワイスアップ	水割り
ハイボール	お湯割り	カクテル

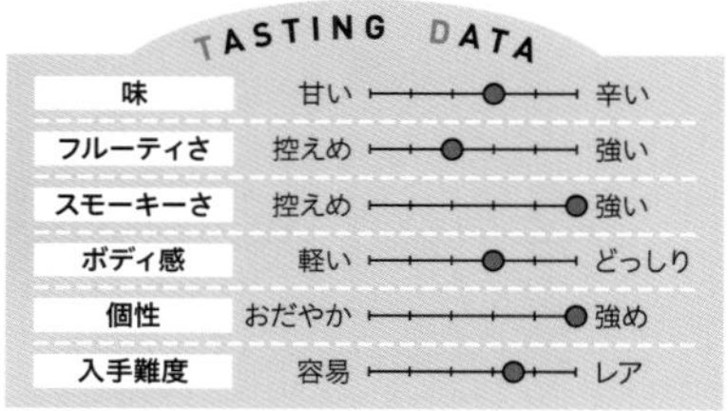

販売元 株式会社ウィスク・イー ☎ 03-3863-1501

ブナハーブン蒸溜所

ブナハーブン25年

BUNNAHABHAIN

シングルモルト

希少なライトタイプモルト 凝縮感のある柔らかい味

米国で人気の、ライトタイプの1本。アイラモルトながらピートを炊き込まず、ピートの溶け込んだ仕込み水を使うことでかすかなスモーキーさが漂う。ナッツとカラメルのような深い味わいも印象的。

4万4000円／700ml／46%

おすすめの飲み方

ストレート	オン・ザ・ロック	ハーフロック
ミストスタイル	トワイスアップ	水割り
ハイボール	お湯割り	カクテル

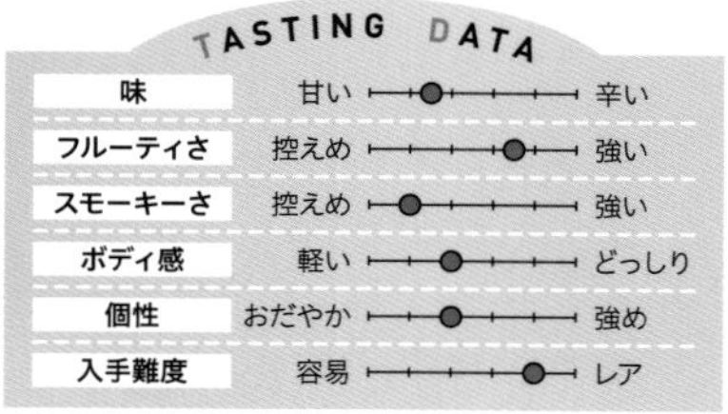

販売元 アサヒビール株式会社 ☎ 0120-011-121（お客様相談室）

ブナハーブン蒸溜所

ブナハーブン12年

BUNNAHABHAIN

シングルモルト

甘みが強く軽い口あたり アイラモルトの入門編に

アイラモルトでは珍しく、ソフトな口あたりが特徴。ピート香もフェノール値2ppmとやさしく、フルーツのような甘みに、ほのかな酸味も。加水するとよりフルーティになり、違った一面を見せる。

7007円／700ml／46%

おすすめの飲み方

ストレート	**オン・ザ・ロック**	ハーフロック
ミストスタイル	トワイスアップ	水割り
ハイボール	お湯割り	カクテル

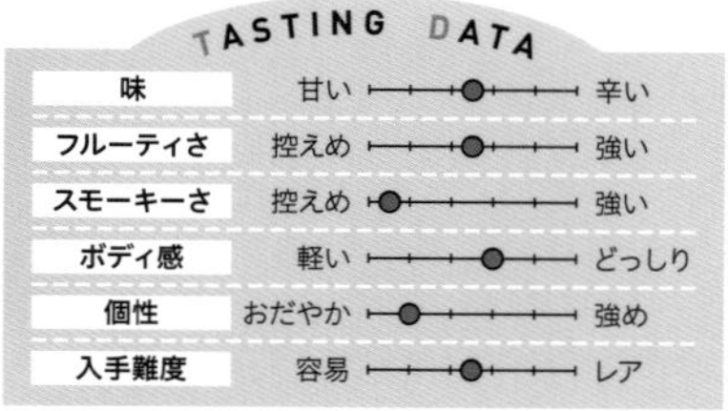

販売元 アサヒビール株式会社 ☎ 0120-011-121（お客様相談室）

スプリングバンク蒸留所

スプリングバンク10年

SPRINGBANK

シングルモルト

7700円（参考価格）／700ml／46%

華やかな“モルトの香水”は女性にもおすすめ

伝統を重んじ、フロアモルティング※による製麦を行うスプリングバンク蒸留所の定番ボトル。フローラルの華やかで豊かな香りは“モルトの香水”と呼ばれ、余韻も深く長い。女性にもおすすめの逸品だ。

おすすめの飲み方

ストレート **オン・ザ・ロック** ハーフロック
ミストスタイル **トワイスアップ** 水割り
ハイボール お湯割り カクテル

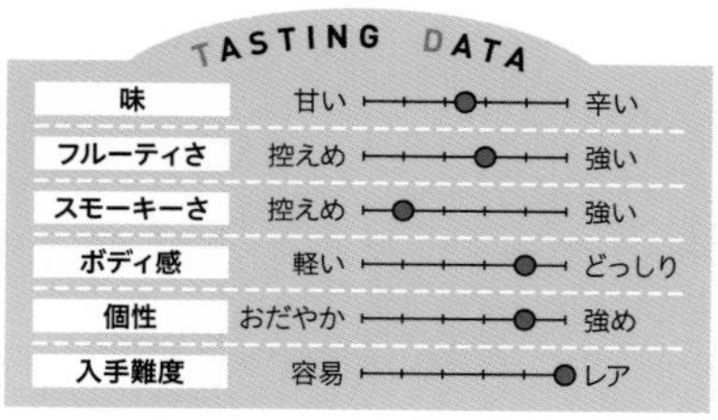

販売元 株式会社ウィスク・イー ☎03-3863-1501

キャンベルタウン

ハイランドの西方・キンタイア半島に位置し、塩気のある骨太な味わいのウイスキーを生み出している。

スプリングバンク蒸留所

スプリングバンク15年

SPRINGBANK

シングルモルト

1万1000円（参考価格）／700ml／46%

シェリー樽熟成の原酒使用 コクがありシガーにも合う

シェリー樽熟成の原酒を100%使用した贅沢なキャンベルタウンモルト。ダークチョコレートの芳醇な香りに、凝縮感のある甘さや塩味の絶妙なハーモニーが魅力。シガーとの相性もいい。

キャンベルタウンのウイスキー造りの牽引役でもあるスプリングバンク蒸留所

販売元 株式会社ウィスク・イー ☎03-3863-1501

スプリングバンク蒸留所

ヘーゼルバーン12年

HAZELBURN

シングルモルト

オープン価格／700ml／46%

シェリー樽で12年以上熟成 華やかさと潮風のイメージ

ノンピート麦芽を使用して造られる、年1回限定生産の貴重品。フルーツとキャラメルの香りに塩気も感じさせる豊かな味わい。運良く出会えればぜひ試したい。

販売元 株式会社ウィスク・イー ☎03-3863-1501

スプリングバンク蒸留所

スプリングバンク18年

SPRINGBANK

シングルモルト

オープン価格／700ml／46%

長期熟成ならではのオイリーでメローな味わい

熟成に80%以上シェリー樽を使用。香りは熟した果実やバニラのようなふくよかさ。旨味のある塩気やミルクチョコ、ウッドスモークなどの味わいが絡み合う。

販売元 株式会社ウィスク・イー ☎03-3863-1501

スプリングバンク蒸留所

ロングロウ

Longrow

シングルモルト

7150円（参考価格）／700ml／46%

切れ味鋭く男性的な味わい 力強さの中に芳醇な甘さも

力強いスモーク香とオイリーさの中に、スプリングバンクならではの甘く華やかなアロマを内包。ピート香のパンチ力があり、切れ味は鋭く、余韻は短め。

販売元 株式会社ウィスク・イー ☎03-3863-1501

スプリングバンク蒸留所

スプリングバンク12年 カスクストレングス

SPRINGBANK

シングルモルト

オープン価格／700ml／アルコール度数はバッチにより異なる

樽から加水せずボトリング 本来の持ち味を100%堪能

定期的に数量限定でリリース。加水を一切せずにボトリングされるので、スプリングバンクの真髄を100%味わえる。クリーミーさと塩気、ピートの力強さもある。

販売元 株式会社ウィスク・イー ☎03-3863-1501

※フロアモルティング…床の上に大麦を広げ、人の手によってスコップで攪拌する伝統的な製麦の手法。

ハイランドパーク蒸留所

ハイランドパーク12年ヴァイキング・オナー

HIGHLAND PARK

アイランズ

ハイランドの周囲に点在する島々で造られるウイスキーは潮風を感じるフレーバーが漂う。

シングルモルト

スコットランド最北の蒸留所で造るスモーキーで甘い新装ボトル

1798年創業の、スコットランド最北の蒸留所。スタンダードボトルの「12年」が、かつてのヴァイキング文化の特徴を反映したデザインでリニューアル。香りはヘザーハニーの甘さとピーティなスモーキーさが特徴で、丸みを帯びた甘さとモルト感が口に広がる。

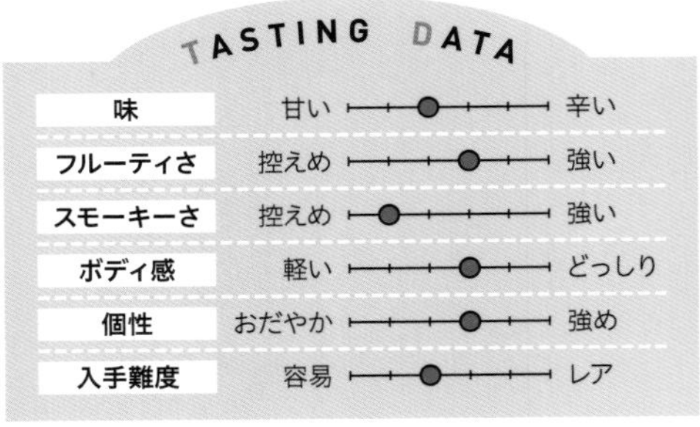

おすすめの飲み方

ストレート **オン・ザ・ロック** ハーフロック ミストスタイル **トワイスアップ** **水割り** **ハイボール** お湯割り カクテル

スコットランド最北に位置し、強い風が吹き荒れるハイランドパーク蒸留所。毎年350トンものピートを人の手で切り出し、ウイスキー造りに使用している。

5390円／700ml／40%

販売元 三陽物産株式会社 ☎0120-773-373

ハイランドパーク蒸留所

ハイランドパーク カスクストレングスNo.2

HIGHLAND PARK

シングルモルト

最もピュアな状態をお届け穏やかなスモーキー＆ハニー

愛好者にウイスキーの最もピュアな状態を味わってもらう目的でシリーズ化。即完売のNo.1に続く第2弾。主にオークのシェリー樽を使い、少量のバーボン樽原酒をプラスした。フルーティかつスパイシー。

おすすめの飲み方

ストレート **オン・ザ・ロック** ハーフロック ミストスタイル **トワイスアップ** 水割り ハイボール お湯割り カクテル

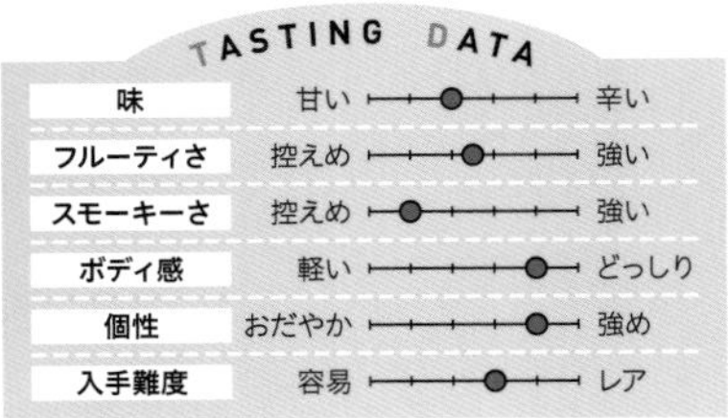

9900円／700ml／63.9%

販売元 三陽物産株式会社 ☎0120-773-373

ハイランドパーク蒸留所

ハイランドパーク18年ヴァイキング・プライド

HIGHLAND PARK

シングルモルト

北の大地由来の古典的美酒三位一体の究極のバランス

ヴァイキング文化のパッケージでリニューアル。「12年」よりはるかに高いシェリーカスク比率ながら繊細で複雑。味わいはまろやかで、甘さ、スパイシーさ、ドライさが三位一体となり、バランス感は抜群。

おすすめの飲み方

ストレート **オン・ザ・ロック** ハーフロック ミストスタイル **トワイスアップ** 水割り ハイボール お湯割り カクテル

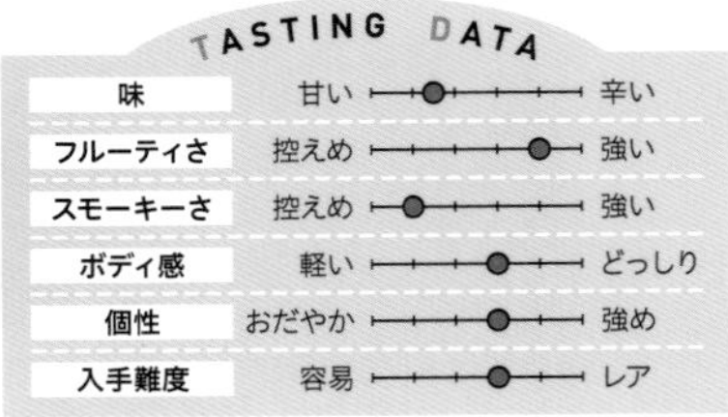

1万9250円／700ml／43%

販売元 三陽物産株式会社 ☎0120-773-373

タリスカー蒸留所

タリスカー10年

TALISKER

シングルモルト

5830円／700ml／45.8%

爆発するようなパワフルさ 男性的味わいの刺激的な一杯

荒々しい気候で知られるスカイ島に位置する唯一の蒸留所。こちらの代表銘柄「10年」はスモーキーな中にもスパイシーさと甘さが同居し、舌の上で爆発するような個性が特徴。海を感じさせる潮の風味もあり、アイラモルトに通じる味わいも。

おすすめの飲み方

ストレート	**オン・ザ・ロック**	ハーフロック
ミストスタイル	**トワイスアップ**	水割り
ハイボール	お湯割り	カクテル

TASTING DATA

味	甘い	辛い
フルーティさ	控えめ	強い
スモーキーさ	控えめ	強い
ボディ感	軽い	どっしり
個性	おだやか	強め
入手難度	容易	レア

激しい風雨にさらされ、霧が多く「ミストアイランド」とも呼ばれるスカイ島西岸。こうした環境下にある蒸留所で強烈なパワーを持つウイスキーが生まれる。

販売元 MHD モエ ヘネシー ディアジオ株式会社 http://www.mhdkk.com

タリスカー蒸留所

タリスカー ストーム

TALISKER

シングルモルト

6710円／700ml／45.8%

嵐の海の激しさをイメージ タリスカーの理想の味わいに

スカイ島の荒々しい気候をウイスキーで表現。岩礁に打ちつける嵐を思わせるスパイシーさと甘み、スモーキーさに、塩気がエレガントな味を醸し出す。

販売元 MHD モエ ヘネシー ディアジオ株式会社 https://www.mhdkk.com

タリスカー蒸留所

タリスカー ポート リー

TALISKER

シングルモルト

1万340円／700ml／45.8%

港町の名を冠した逸品は 力強い潮と黒胡椒の風味

力強い潮と黒胡椒の風味、そしてポート樽ならではのリッチで甘い香りが融合。最高のコントラストを楽しめる仕上がりに「一度は飲みたい」と語る愛好家も多い。

販売元 MHD モエ ヘネシー ディアジオ株式会社 https://www.mhdkk.com

タリスカー蒸留所

タリスカー18年

TALISKER

シングルモルト

1万8040円／700ml／45.8%

世界の愛飲家の間で評判に 香りは豊かでフルーティ

2007年に行われた「World Whisky Awards」で「世界一のシングルモルト」と賞された究極の一本。エレガントなスモーキーさをたたえ、余韻はどこまでも続く。温かみのある味わいにファンも多い。

おすすめの飲み方

ストレート	**オン・ザ・ロック**	ハーフロック
ミストスタイル	トワイスアップ	水割り
ハイボール	お湯割り	カクテル

TASTING DATA

味	甘い	辛い
フルーティさ	控えめ	強い
スモーキーさ	控えめ	強い
ボディ感	軽い	どっしり
個性	おだやか	強め
入手難度	容易	レア

販売元 MHD モエ ヘネシー ディアジオ株式会社 http://www.mhdkk.com

アラン蒸留所

アラン バレルリザーヴ

シングルモルト

Arran

ストレートは原酒の旨み ハイボールは爽やかな味に

ファーストフィルのバーボン樽のみで7～8年熟成。年数が短い分、アランの原酒の味わいに触れることができる。甘酸っぱいアンズとバニラ香にスパイシーさも。

3850円(参考価格)／700ml／43%

販売元 株式会社ウィスク・イー ☎03-3863-1501

アラン蒸留所

アランモルト18年

シングルモルト

Arran

アランモルトの旨味を凝縮 18年を経て奥行きも広がる

大自然の絶景が広がるアラン島で、18年の歳月をかけ凝縮されたアランモルトの旨味を満喫できる。限定品ゆえ、出会えればぜひ味わいたい1本。

オープン価格／700ml／46%

販売元 株式会社ウィスク・イー ☎03-3863-1501

アラン蒸留所

アランモルト10年

Arran

シングルモルト

フルーティさと麦のコク まろやかな舌ざわりも魅力

ファーストフィルのバーボン樽で熟成させた原酒をメインに、シェリーカスクの原酒をバランス良くヴァッティング。フルーティな中にも麦の香りとコクが感じられ、女性にもおすすめの1本。ハイボールもいい。

4400円(参考価格)／700ml／46%

おすすめの飲み方

ストレート	オン・ザ・ロック	ハーフロック
ミストスタイル	トワイスアップ	水割り
ハイボール	お湯割り	カクテル

TASTING DATA

味	甘い	辛い
フルーティさ	控えめ	強い
スモーキーさ	控えめ	強い
ボディ感	軽い	どっしり
個性	おだやか	強め
入手難度	容易	レア

販売元 株式会社ウィスク・イー ☎03-3863-1501

スキャパ蒸留所

スキャパ スキレン

SCAPA

シングルモルト

香りが甘く、味もなめらか 飲みやすく初心者におすすめ

「ローモンドスチル」という希少な蒸留機で造られる。ファーストフィルのバーボン樽原酒を100%使用。バニラや花を思わせる甘い香りとなめらかな味わいが特徴で、ノンエイジながら熟成感も感じられる。

おすすめの飲み方

ストレート	オン・ザ・ロック	ハーフロック
ミストスタイル	トワイスアップ	水割り
ハイボール	お湯割り	カクテル

TASTING DATA

味	甘い	辛い
フルーティさ	控えめ	強い
スモーキーさ	控えめ	強い
ボディ感	軽い	どっしり
個性	おだやか	強め
入手難度	容易	レア

7040円／700ml／40%

販売元 サントリー https://www.suntory.co.jp/whisky/

ジュラ蒸留所

ジュラ10年

JURA

シングルモルト

島唯一の蒸留所で育む 甘美でやさしい味わい

「人口よりも鹿の数が多い」といわれる自然豊かなジュラ島唯一の蒸留所で生産。シェリーのほのかな甘みや、かすかにスモーキーな風味がやさしい逸品だ。航海をイメージした美しい曲線のボトルも特徴的。

おすすめの飲み方

ストレート	オン・ザ・ロック	ハーフロック
ミストスタイル	トワイスアップ	水割り
ハイボール	お湯割り	カクテル

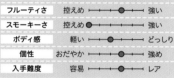

TASTING DATA

味	甘い	辛い
フルーティさ	控えめ	強い
スモーキーさ	控えめ	強い
ボディ感	軽い	どっしり
個性	おだやか	強め
入手難度	容易	レア

オープン価格／700ml／40%

販売元 コルドンヴェール株式会社 ☎022-742-3120

オーヘントッシャン蒸留所

オーヘントッシャン12年

AUCHENTOSHAN

シングルモルト

4400円／700ml／40%

「3回蒸留」の伝統を守り ソフトでクリアな味わいに

ゲール語で「野原の片隅」を表すオーヘントッシャン。高台にそびえる蒸留所で、1820年ごろからウイスキー造りを始めたといわれている。こちらの1本は、バーボン樽で12年以上熟成した原酒をブレンド。ローランドモルト伝統の3回蒸留により、雑味の少ないフレッシュでライトな味わいを演出する。濃い甘さで口あたりはソフトなため、女性や入門者にもおすすめ。

ローランド

大都市とともに発展してきた南部エリア。繊細さとまろやかさの絶妙なバランスが持ち味。

おすすめの飲み方

ストレート	オン・ザ・ロック	ハーフロック
ミストスタイル	トワイスアップ	水割り
ハイボール	お湯割り	カクテル

TASTING DATA

味	甘い	辛い
フルーティさ	控えめ	強い
スモーキーさ	控えめ	強い
ボディ感	軽い	どっしり
個性	おだやか	強め
入手難度	容易	レア

販売元 サントリー https://www.suntory.co.jp/whisky/

mini COLUMN

古き良き「特級」スコッチ

日本で1989年に酒税法が改正されるまで、ウイスキーは「特級」「1級」「2級」とランク付けされ、ボトルにもラベルが貼られていた。現在ではなかなかお目にかかれなくなったが、現在のウイスキーよりもアルコール度数が高めで「また違った味わいがある」と評価する愛好家も。家のサイドボードや押入れに昔のウイスキーが入ったままだという人などは、特級ボトルの可能性があるのでぜひチェックを。未開封で保存状態が良ければ味わってみるのもいい。

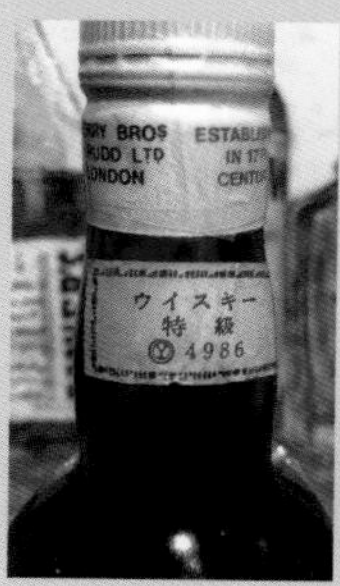

グレンキンチー蒸留所

グレンキンチー12年

GLENKINCHIE

シングルモルト

5115円／700ml／43%

ローランドを代表する銘酒 ドライなモルト好きに人気

クラシックモルトシリーズのひとつとして1988年にリリース。軽快なドライさが際立っており、甘さや酸味も含む。スモーキーさやピート香は感じないが、喉越しは爽快。軽やかな飲み心地を好む人に。

おすすめの飲み方

ストレート	オン・ザ・ロック	ハーフロック
ミストスタイル	トワイスアップ	水割り
ハイボール	お湯割り	カクテル

TASTING DATA

味	甘い	辛い
フルーティさ	控えめ	強い
スモーキーさ	控えめ	強い
ボディ感	軽い	どっしり
個性	おだやか	強め
入手難度	容易	レア

販売元 MHD モエ ヘネシー ディアジオ株式会社 http://www.mhdkk.com

COLUMN

ウイスキーの製造方法を解説！

琥珀色のお酒が生まれるまで

多くの職人たちの手によって造られ、長い熟成期間を経て私たちの元に届けられるウイスキー。製造にはいくつもの工程があり、それぞれの現場で豊富な経験や高い技術が注ぎ込まれている。芳醇な琥珀色のお酒が生まれるまでの道のりに想いを馳せてみよう。

主原料は穀物 種類による味わいの違いも

ウイスキーの原料として何より重要なのが、大麦麦芽（モルト）。大麦麦芽だけで造られるモルトウイスキーはもちろん、コーンなど他の穀物を原料とするグレーンウイスキーにも、大麦麦芽は含まれる。

大麦麦芽は文字どおり、大麦を発芽させたもの。大麦の種子に含まれるデンプンはそのままでは糖やアルコールに分解できないため、一度発芽させる必要があるのだ。

また、ウイスキーの種類によっては、コーンや小麦、ライ麦なども原料として使われる。原料によって生まれる味わいも異なるため、飲み比べてみるのも面白い。

9つの工程を経て出荷 さまざまな要素で決まる個性

ウイスキーの製造工程は大きく分けると9つ（左ページ参照）。いくつもの作業を経て琥珀色のお酒ができ上がる。

その中でもウイスキーの製法として最も特徴的なのは「蒸留した液体を樽に詰めて長期間熟成させる」こと。

樽材の成分は長年かけて樽の中の原酒に移っていく。さらにシェリー酒などの別のお酒の香味成分がしみ込んだ樽に詰めることで、より複雑な香りと味がつくられる。

どんな樽で熟成されるのか、どのくらいの期間熟成されるのかによって、それぞれのウイスキーの個性が決まるのだ。

ウイスキーの主な原料

小麦

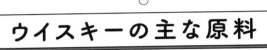

主にグレーンウイスキーなどに使われる。味のバランスが整う。

ライ麦

主にアメリカやカナダなどでライウイスキーに使われる。すっきりとした味わいを引き出すことができる。

大麦

主にスコットランド、アイルランド、日本などで最もよく使われる。ウイスキー造りに主に使用されるのはでんぷん質を多く含む二条大麦。

コーン

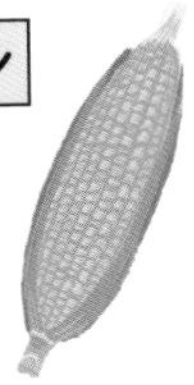

主にアメリカなどでバーボンに使われ、やさしい甘さになる。

樽の容量によっても熟成の度合いが変わる

樽の容量や材質によって、熟成の進み方は異なる。樽が小さいと、ウイスキーの容量に対して表面積が大きくなるので、熟成が早くなる。どんな樽で熟成させるかにも、造り手の狙いがあるのだ。

バレル（180～200L）

新樽はバーボンに使用され、バーボン樽ともいう。容量が小さいので熟成が早く、短期熟成向き。木の香りが原酒に移りやすい。

ホッグスヘッド（230～250L）

使い込まれたバレルを解体し、再び組み立ててつくられる。木香を原酒に授ける。名前の由来は豚（ホッグ）一頭分の重さであることから。

パンチョン（480L）

容量が大きく、長期熟成に向く。樽材の影響は穏やかで、すっきりとした味わいのウイスキーになる。

バット（480L）

シェリーバットとも呼ばれ、もともとシェリーの貯蔵に使われたもの。バットで熟成されたウイスキーは、シェリーの香りや甘みがあり、少し赤みがかった色合いになる。

ウイスキーが出荷されるまでの製造工程

※スコッチウイスキーの造り方を例に解説

原料づくり

①浸麦《しんぱく》

原料となる大麦を仕込み水に浸し、発芽に向けて準備を促す。水に浸したり、出したりという作業を2～3日かけて行う。

②製麦《せいばく》

大麦を空気に触れさせて、芽を成長させる。「フロアモルティング」と呼ばれる伝統的な製法だと、床に大麦を広げてスコップで攪拌する。

③大麦麦芽の乾燥

1～3日間熱風にあてて乾燥させ、最も糖化しやすい状態で麦芽の成長を止める。この工程で燃料にピートが使われると、スモーキーな香りに。

ピート（泥炭）が使われるのはこの工程！

麦芽乾燥の燃料としてピートが使われることも。写真は機械によるピート掘りの様子。

仕込み

④糖化（マッシング）

粉砕した麦芽に、3～4回に分けて温水を加え、麦汁をつくる。大麦に含まれるデンプンを糖に変え、発酵しやすい状態にする。

⑤発酵

麦汁と酵母を発酵槽に入れ、2～4日間発酵させる。やがてイースト菌の働きが活発になり、アルコールを含んだもろみがつくられる。

仕込んだ「もろみ」を蒸留機に入れ、加熱して蒸留を行う。上の写真はポットスチル（単式蒸留機）。

⑥蒸留

特徴的な形の「ポットスチル」がここで登場！

もろみを蒸留機に移して熱し、蒸留する。水よりも沸点が低いため、アルコール分や各種成分が抽出される。

グレーンウイスキーの製造には、主に「連続式蒸留機」が使われる。

⑦熟成

蒸留された酒を樽に詰めて熟成させる。樽材の影響をより受けやすくするため、アルコール度数62％前後まで加水した後に樽詰めされることが多い。

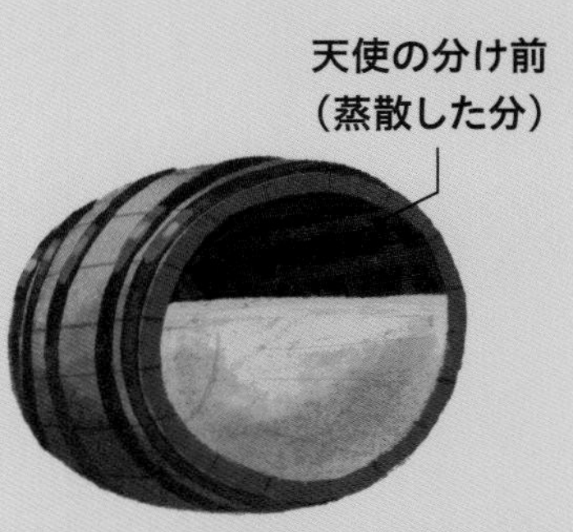

樽に詰められた原酒は、年間2～3パーセント蒸散していく。これを「天使の分け前（エンジェルシェア）」と呼び、「天使が飲んだぶんだけおいしくなる」といわれている。

⑧ブレンディング（ヴァッティング）

複数の樽の原酒をブレンドする。ブレンダーがテイスティングを重ね、最もおいしい比率で混ぜ合わせる。

⑨ボトリング

ブレンドが完了したウイスキーを瓶に詰める工程。その前に、再び樽に詰めてなじませる後熟（マリッジともいう）を行うこともある。

ブレンダーの大きな役割

モルトやグレーンの原酒をまとめ上げる〝名指揮者〟

熟成を終えた原酒を瓶詰めする前にブレンディング（ヴァッティング）するのは、ブレンダーと呼ばれる専門職の人たち。

シングルモルトをソロの演奏者だとすると、複数の原酒が組み合わされるブレンデッドウイスキーはオーケストラ。そのオーケストラをまとめ上げる〝指揮者〟の役割を果たすのが熟練のブレンダーなのだ。

原酒を組み合わせるのはけっして容易な仕事ではない。ときには数百種類もの原酒をテイスティングし、製品として目指す味わいに仕上げなければならない。

こうして、銘柄によって毎回同じ味に仕上げたり、あるいは少しずつ味を変えたりしていくのがブレンダーに求められる技術なのである。

ボトリングされる原酒の組み合わせはいろいろ

どんな原酒を瓶詰めしたかでウイスキーの分類が決まる

ブレンドが完了したウイスキーは、通常は加水してアルコール濃度を抑えてボトリングされる（ボトリング前に再度寝かせる後熟を行う場合もある）。原酒の組み合わせや加水の有無によって、ウイスキーは左図のように分類される。

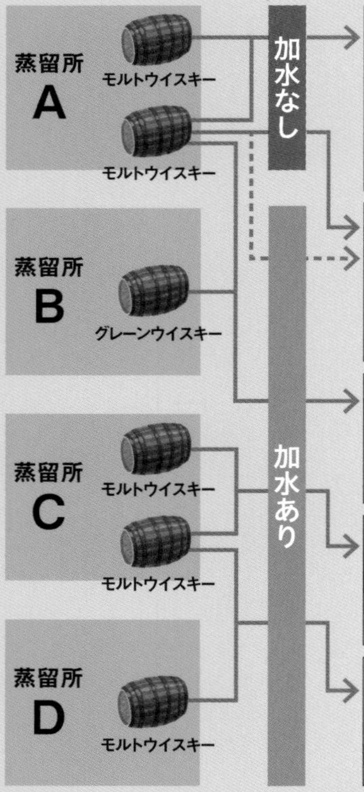

カスクストレングス
加水されずに、アルコール度数が高いままボトリングされたもの。凝縮された旨みが味わえる。原酒の樽は、ひとつの場合も複数の場合もあり、ひとつの樽の原酒のみをボトリングされたものは「シングルカスクストレングス」という。

シングルカスク
シングルモルトの一種。ひとつの樽から得られる原酒がボトリングされたもの。樽ごとに異なる個性が味わえる。加水の有無は問わない。

ブレンデッドウイスキー
モルトウイスキーとグレーンウイスキーがブレンドされたもの。30～40種類の原酒が含まれる。味のバランスが良く、飲みやすい。

シングルモルト
同じ蒸留所のモルト原酒同士や、ひとつの樽の原酒がボトリングされたもの。蒸留所の個性が味わえ、安定した品質も保たれる。

ブレンデッドモルト（ヴァッテッドモルト）
異なる蒸留所のモルトウイスキー同士がブレンドされたもの。個性と個性がマッチし、新しいおいしさが生まれる。

※モルトウイスキー同様、グレーンウイスキーにもシングルグレーンとブレンデッドグレーンがある。

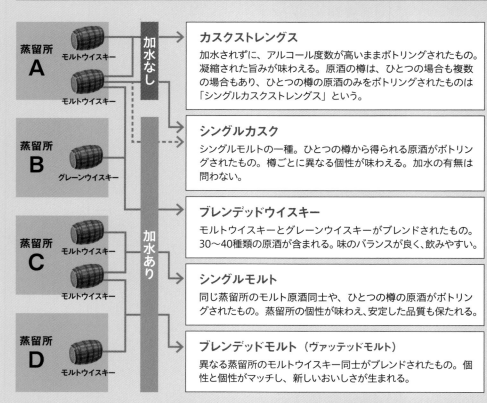

スコッチ・ブレンデッド

SCOTCH BLENDED

ブレンダーによる原酒の組み合わせで
美しいハーモニーを奏でるウイスキーに

蒸留所が異なる原酒をブレンド

複数の蒸留所からシングルモルトやグレーンウイスキーの原酒を樽ごと仕入れ、混ぜ合わせて造るブレンデッドウイスキー。それぞれの原酒の個性を引き立て合うように計算しつくされている。中でも、味の方向性を決める重要なシングルモルトを「キーモルト」と呼ぶ。

使用原酒や配合割合によって決まる味わい

どのようなモルトやグレーンの原酒をどのくらいの割合で配合するかのレシピは、ブレンダーと呼ばれるプロフェッショナルによって決められる。彼らの嗅覚や味覚を頼りに、数多くの原酒を絶妙な割合で組み合わせていく。

バランタイン社

バランタイン17年

Ballantine's

ブレンデッド

9900円／700ml／40%

おだやかでバランスの取れた
「ザ・スコッチ」の味わい

スコッチ３大ブランドのひとつで、「ザ・スコッチ」の定冠詞もつく名品。40種類ものモルトが絶妙にブレンドされ、香りはややドライでおだやか。味わいはコクがあってクリーミーで、口あたりもスムース。かすかなスモーキーさにスパイシーさも加わる。

おすすめの飲み方

ストレート	オン・ザ・ロック	ハーフロック
ミストスタイル	トワイスアップ	水割り
ハイボール	お湯割り	カクテル

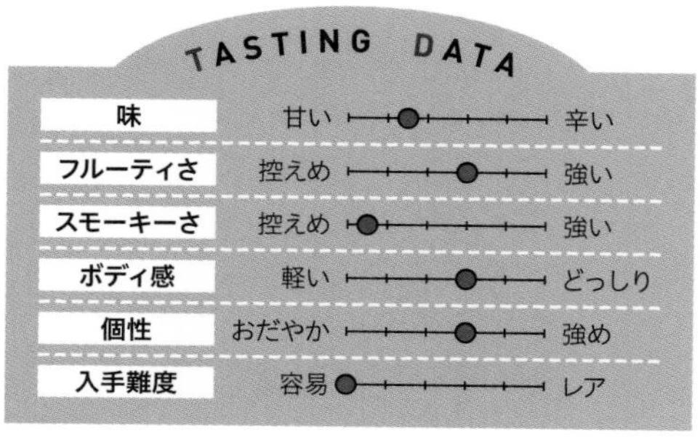

ボトルの中央部にある紋章には、スコットランドの国旗のほか、ウイスキー造りを象徴する４つの要素（水・大麦・ポットスチル・樽）なども描かれている。

販売元　サントリー　https://www.suntory.co.jp/whisky/

バランタイン社

バランタイン マスターズ

ブレンデッド

Ballantine's

5500円／700ml／40%

2種類の原酒をブレンド 芳醇でフルボディな味わい

2014年販売開始の比較的新しい1本。バニラのような甘みも感じられるフルーティさで、口あたりもなめらか。香りが鼻にスーッと抜ける感覚も心地良い。

販売元 サントリー https://www.suntory.co.jp/whisky/

バランタイン社

バランタイン12年

ブレンデッド

Ballantine's

3080円／700ml／40%

スコッチの4地方の原酒を 40種以上使用してブレンド

スコットランドのスペイサイド、ハイランド、アイラ、ローランドの4つの地方の厳選された原酒を40種以上ブレンド。バランスのとれたエレガントさが魅力。

販売元 サントリー https://www.suntory.co.jp/whisky/

バランタイン社

バランタイン30年

ブレンデッド

Ballantine's

8万8000円／700ml／40%

名門が贈る最高峰の1本 円熟味を極め風格も漂う

バランタインの中でも贅を極めた逸品。30年超の時を経たウイスキーはフルボディで甘みがあり、その味わいには風格も漂う。円熟味を帯びた最高峰の1本だ。

販売元 サントリー https://www.suntory.co.jp/whisky/

バランタイン社

バランタイン ファイネスト

ブレンデッド

Ballantine's

1529円／700ml／40%

究極のなめらかさを追求 入門者にもおすすめの定番

バランタインの中でもスタンダードな1本。熟成が少ない分アルコール感が強く、複雑な味わいながら、苦み、辛み、甘み、塩味、酸味のバランスも良くまろやか。

販売元 サントリー https://www.suntory.co.jp/whisky/

ジョン・ウォーカー&サンズ社

ジョニーウォーカー ブラックラベル 12年

JOHNNIE WALKER

ブレンデッド

2948円／700ml／40%

紅茶のブレンドから着想 世界中で支持される"ブレンドの傑作"

1820年、創業者のジョン・ウォーカーは「高い品質の商品を安定供給したい」と考え、紅茶のブレンディングをヒントにシングルモルトのブレンドを開始。12年以上熟成させた選りすぐりの原酒40種を使い、今では"ブレンドの傑作"として世界中で親しまれている。

おすすめの飲み方

ストレート	オン・ザ・ロック	ハーフロック
ミストスタイル	トワイスアップ	水割り
ハイボール	お湯割り	カクテル

TASTING DATA

味	甘い	辛い
フルーティさ	控えめ	強い
スモーキーさ	控えめ	強い
ボディ感	軽い	どっしり
個性	おだやか	強め
入手難度	容易	レア

ボトルに描かれた紳士は通称「ストライディングマン」。創業者ジョン・ウォーカーらとの食事会で漫画家のトム・ブラウンが描いたスケッチがそのままロゴマークになった。

販売元 キリンビール ☎0120-111-560(お客様相談室)

ディアジオ社

ジョニーウォーカー ブルーラベル

JOHNNIE WALKER

ブレンデッド

創業者の特別レシピに使うのは「1万樽にひとつ」の原酒

創業者ジョン・ウォーカーがかつて上客用にブレンドしたレシピを、厳選樽の原酒を使って再現。芳醇かつスモーキーで、力強く心地良い余韻も。希少性が高く、全ボトルにシリアルナンバーが記載されている。

おすすめの飲み方

ストレート	オン・ザ・ロック	ハーフロック
ミストスタイル	トワイスアップ	水割り
ハイボール	お湯割り	カクテル

TASTING DATA

味	甘い	辛い
フルーティさ	控えめ	強い
スモーキーさ	控えめ	強い
ボディ感	軽い	どっしり
個性	おだやか	強め
入手難度	容易	レア

2万3100円／750ml／40%

販売元 MHD モエ ヘネシー ディアジオ株式会社 https://www.mhdkk.com

ジョン・ウォーカー&サンズ社

ジョニーウォーカー レッドラベル

JOHNNIE WALKER

ブレンデッド

35種類の原酒をブレンド 波しぶきのような爽快感

色で表現されるラインナップの中、「ジョニーウォーカーブラック」と並ぶ大人気商品。甘み、スパイシーさ、マイルドさなど力強い個性が口の中で広がる。ハイボールにするといっそう爽やかな味に。

おすすめの飲み方

ストレート	オン・ザ・ロック	ハーフロック
ミストスタイル	トワイスアップ	**水割り**
ハイボール	お湯割り	**カクテル**

TASTING DATA

味	甘い	辛い
フルーティさ	控えめ	強い
スモーキーさ	控えめ	強い
ボディ感	軽い	どっしり
個性	おだやか	強め
入手難度	容易	レア

1716円／700ml／40%

販売元 キリンビール ☎0120-111-560(お客様相談室)

ジョン・ウォーカー&サンズ社

ジョニーウォーカー ダブルブラック

JOHNNIE WALKER

ブレンデッド

これまでにない力感を表現 さらにスモーキーに進化

「ブラックラベル12年」の個性ともいうべきスモーキーさをさらに高めた逸品。しっかりと焦がした熟成樽の原酒を用い、これまでにない力強さを引き出している。

3146円／700ml／40%

販売元 キリンビール ☎0120-111-560(お客様相談室)

ジョン・ウォーカー&サンズ社

ジョニーウォーカー グリーンラベル 15年

JOHNNIE WALKER

ブレンデッドモルト

シングルモルトのみをブレンド 多彩な味の広がりも魅力的

グレーンウイスキーを用いず、15年以上熟成のシングルモルトだけを使用。まろやかな甘みがあり、ブレンドされた多彩なモルト原酒のフレーバーが楽しめる。

4950円／700ml／43%

販売元 キリンビール ☎0120-111-560(お客様相談室)

ジョン・ウォーカー&サンズ社

ジョニーウォーカー 18年

JOHNNIE WALKER

ブレンデッド

愛好家なら一度は飲みたい 長期熟成を経たリッチな味

レギュラーラインナップの中でも指折りの高級品。約800万樽の原酒の中から18年以上熟成されたものだけを厳選。気品あふれるリッチな味わいが楽しめる。

8481円／700ml／40%

販売元 キリンビール ☎0120-111-560(お客様相談室)

ジョン・ウォーカー&サンズ社

ジョニーウォーカー ゴールドラベル リザーブ

JOHNNIE WALKER

ブレンデッド

卓越したブレンド技術の粋 スムースで華やかな味わい

「ブラックラベル」の香味をより強く表現したブレンディングで、熟成年数にこだわらず、スムースで華やかなテイストを追求。世界的な賞を多数獲得している。

5181円／700ml／40%

販売元 キリンビール ☎0120-111-560(お客様相談室)

シーバスブラザーズ社

シーバスリーガル 12年

CHIVAS REGAL

ブレンデッド

プリンスの称号を持つ銘酒 高級スコッチの代名詞に

1800年代にシーバス兄弟が先駆者として培ったウイスキー職人の芸術的ブレンドを踏襲。ベルベットのようにまろやかな味と柔らかなフルーツ系の香りが、気品に満ちた高級感とともに絶妙のバランスを構成。世界中の愛好家に支持され、女性の愛飲者も多い。

おすすめの飲み方

ストレート	**オン・ザ・ロック**	ハーフロック
ミストスタイル	トワイスアップ	**水割り**
ハイボール	**お湯割り**	カクテル

TASTING DATA

味	甘い	├─┼─┼●┼─┼─┤	辛い
フルーティさ	控えめ	├─┼─┼─●─┼─┤	強い
スモーキーさ	控えめ	●─┼─┼─┼─┼─┤	強い
ボディ感	軽い	├─┼─┼●┼─┼─┤	どっしり
個性	おだやか	├─┼─┼●┼─┼─┤	強め
入手難度	容易	●─┼─┼─┼─┼─┤	レア

ボトルに刻まれているのは「ラッケンブース」と呼ばれるスコットランド伝統のマーク。ハートの上に王冠が描かれ、愛と寛大さを表現している。

5126円（参考価格）／700ml／40%

販売元 ペルノ・リカール・ジャパン株式会社 ☎03-5802-2756（お客様相談室）

シーバスブラザーズ社

ローヤル・サルート 21年 シグネチャーブレンド

ROYAL SALUTE

ブレンデッド

最高峰のでき栄えと評判 王室の品格十分のスコッチ

英国海軍が王室に敬意を表して皇礼砲（ローヤルサルート）を21回放ったことにちなみ、21年熟成にこだわった特別なウイスキー。熟成感豊かな口あたりと重厚かつなめらかな味わい。長い余韻も堪能できる。

2万790円（参考価格）／700ml／40%

おすすめの飲み方

ストレート	**オン・ザ・ロック**	ハーフロック
ミストスタイル	トワイスアップ	水割り
ハイボール	お湯割り	カクテル

TASTING DATA

味	甘い	├─●─┼─┼─┼─┤	辛い
フルーティさ	控えめ	├─┼─┼─┼─●─┤	強い
スモーキーさ	控えめ	●─┼─┼─┼─┼─┤	強い
ボディ感	軽い	├─┼─┼─●─┼─┤	どっしり
個性	おだやか	├─┼─●─┼─┼─┤	強め
入手難度	容易	├─┼●┼─┼─┼─┤	レア

販売元 ペルノ・リカール・ジャパン株式会社 ☎03-5802-2756（お客様相談室）

シーバスブラザーズ社

シーバスリーガル ミズナラ 12年

CHIVAS REGAL

ブレンデッド

5280円（参考価格）／700ml／40%

日本への賞賛をこめた1本 仕上げは希少なミズナラ樽で

日本の伝統文化とウイスキー造りへの賞賛を込めて誕生。日本原産の希少なミズナラ樽でフィニッシュした原酒がブレンドされた、シーバスからの“贈り物”だ。

販売元 ペルノ・リカール・ジャパン株式会社 ☎03-5802-2756（お客様相談室）

シーバスブラザーズ社

シーバスリーガル 18年

CHIVAS REGAL

ブレンデッド

9350円（参考価格）／700ml／40%

18年熟成の原酒を使用 他に類を見ない芳醇さ

厳選された原酒と卓越したブレンディング技術から生みだされた逸品。芳醇さが増し、他に類を見ない複雑な味わいとなめらかな口あたりを満喫できる。

販売元 ペルノ・リカール・ジャパン株式会社 ☎03-5802-2756（お客様相談室）

グレンターナー社

カティサーク プロヒビション

CUTTY SARK

ブレンデッド

禁酒法に由来する人気商品 50度の力強い刺激も

禁酒法時代のアメリカにカティサークを密輸し、その評価を高めたビル・マッコイの業績を讃えて2015年発売。ノンチルフィルタリングで瓶詰めされ、スパイシーさが前面に出たパンチ力あふれる味わいだ。

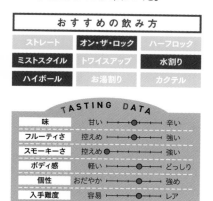

おすすめの飲み方

ストレート	**オン・ザ・ロック**	ハーフロック
ミストスタイル	トワイスアップ	**水割り**
ハイボール	お湯割り	カクテル

TASTING DATA

味	甘い	辛い
フルーティさ	控えめ	強い
スモーキーさ	控えめ	強い
ボディ感	軽い	どっしり
個性	おだやか	強め
入手難度	容易	レア

3300円（参考価格）／700ml／50%

販売元 バカルディ ジャパン株式会社 https://www.bacardijapan.jp/

グレンターナー社

カティサーク オリジナル

CUTTY SARK

ブレンデッド

世界に誇るビッグブランド 原酒の特性を豊かに生かす

ライトでスムースなブレンデッドウイスキーとして1923年に登場して以来、世界中で愛されてきた。グレンロセスなどの上質なモルト原酒を多く使用し、それらの特性を生かしたエレガントな1本だ。

おすすめの飲み方

ストレート	オン・ザ・ロック	ハーフロック
ミストスタイル	トワイスアップ	**水割り**
ハイボール	お湯割り	**カクテル**

TASTING DATA

味	甘い	辛い
フルーティさ	控えめ	強い
スモーキーさ	控えめ	強い
ボディ感	軽い	どっしり
個性	おだやか	強め
入手難度	容易	レア

1230円（参考価格）／700ml／40%

販売元 バカルディ ジャパン株式会社 https://www.bacardijapan.jp/

ディアジオ社

オールドパーシルバー

Old Parr

ブレンデッド

日本人好みの味わいを表現 強めのハイボールがおすすめ

なめらかな味わいに仕上げられた絶妙なブレンドは、まさに日本人好み。モルティな甘さの中に柑橘系の爽やかな風味が漂い、かすかにスモーキーな余韻も。強めのハイボールで飲むとその魅力がいっそう引き立つ。

おすすめの飲み方

ストレート	**オン・ザ・ロック**	ハーフロック
ミストスタイル	トワイスアップ	**水割り**
ハイボール	**お湯割り**	カクテル

TASTING DATA

味	甘い	辛い
フルーティさ	控えめ	強い
スモーキーさ	控えめ	強い
ボディ感	軽い	どっしり
個性	おだやか	強め
入手難度	容易	レア

3300円／750ml／40%

販売元 MHD モエ ヘネシー ディアジオ株式会社 https://www.mhdkk.com

ディアジオ社

オールドパー12年

Old Parr

ブレンデッド

歴代首相も愛飲 日本で愛され続けるスコッチ

明治時代から日本で親しまれ、歴代首相も愛飲したといわれる「オールドパー」。上品な甘さの中に、適度なピートによるスモーキーな風味も。加水してもバランスが崩れない味わいで、和食とも好相性だ。

おすすめの飲み方

ストレート	**オン・ザ・ロック**	ハーフロック
ミストスタイル	トワイスアップ	**水割り**
ハイボール	**お湯割り**	カクテル

TASTING DATA

味	甘い	辛い
フルーティさ	控えめ	強い
スモーキーさ	控えめ	強い
ボディ感	軽い	どっしり
個性	おだやか	強め
入手難度	容易	レア

5775円／750ml／40%

販売元 MHD モエ ヘネシー ディアジオ株式会社 https://www.mhdkk.com

ホワイトホース社

ホワイトホース12年

WHITE HORSE

ブレンデッド

2080円／700ml／40%

日本人の口に合うよう開発 スモーキーでまろやかな味

日本のみで販売され、スコッチの中でもトップクラスの売り上げを誇る。ピート感があって全体的にまろやかな味で、余韻もしっかりしている。2000円程度で購入できるため、毎日の晩酌にもおすすめだ。

おすすめの飲み方

ストレート	**オン・ザ・ロック**	ハーフロック
ミストスタイル	トワイスアップ	**水割り**
ハイボール	**お湯割り**	カクテル

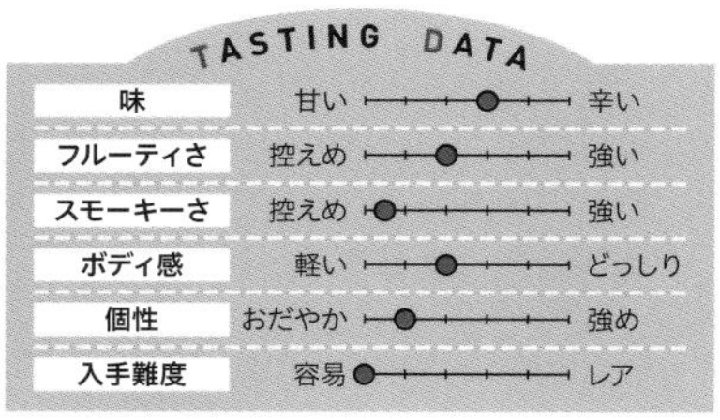

販売元 キリンビール ☎0120-111-560(お客様相談室)

ホワイトホース社

ホワイトホース ファインオールド

WHITE HORSE

ブレンデッド

1260円／700ml／40%

まろやかで上質な味わい コスパ最強の定番ウイスキー

入門者には強く感じられそうな個性も、慣れれば花とハチミツを思わせるフレッシュな香りと爽快な味に魅了されてしまう。価格も手頃で、デイリーユースにもうってつけ。1：4のハイボールにするのもいい。

おすすめの飲み方

ストレート	オン・ザ・ロック	ハーフロック
ミストスタイル	トワイスアップ	**水割り**
ハイボール	**お湯割り**	**カクテル**

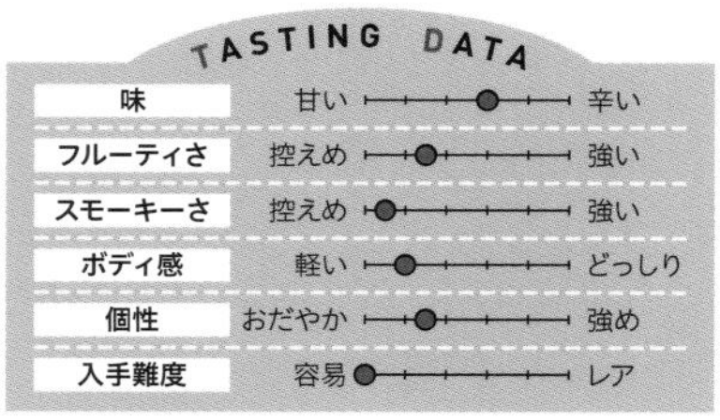

販売元 キリンビール ☎0120-111-560(お客様相談室)

アーサーベル&サンズ社

ベル・オリジナル

BELL'S

ブレンデッド

2162円／700ml／40%

風味はドライでフローラル 門出を祝うお酒としても人気

ネーミングは、名ブレンダー、アーサー・ベルにちなむ。ウェディングベルを連想させることから、門出を祝うお酒としても人気。ドライでフローラルな風味で飲みやすく、家飲みにも気軽に取り入れたい１本だ。

おすすめの飲み方

ストレート	オン・ザ・ロック	ハーフロック
ミストスタイル	トワイスアップ	**水割り**
ハイボール	**お湯割り**	**カクテル**

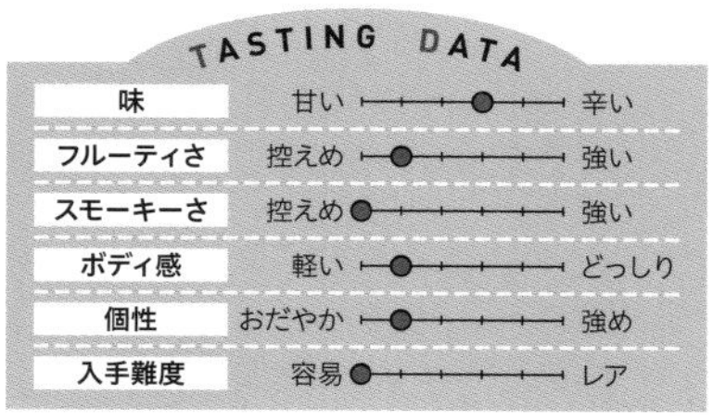

販売元 日本酒類販売株式会社 ☎0120-866-023

ディアジオ社

ロイヤルハウスホールド

Royal Household

ブレンデッド

4万1250円／750ml／43%

気品あふれる繊細な味わい ギフトにもおすすめ

ハイランド地方の銘酒「ダルウィニー」をキーモルトに、45種類にもおよぶ厳選の原酒をブレンド。絹のようになめらかで繊細な、気品あふれる味わいが堪能できる。記念日や誕生日の贈り物としてもおすすめ。

おすすめの飲み方

ストレート	**オン・ザ・ロック**	ハーフロック
ミストスタイル	**トワイスアップ**	水割り
ハイボール	お湯割り	カクテル

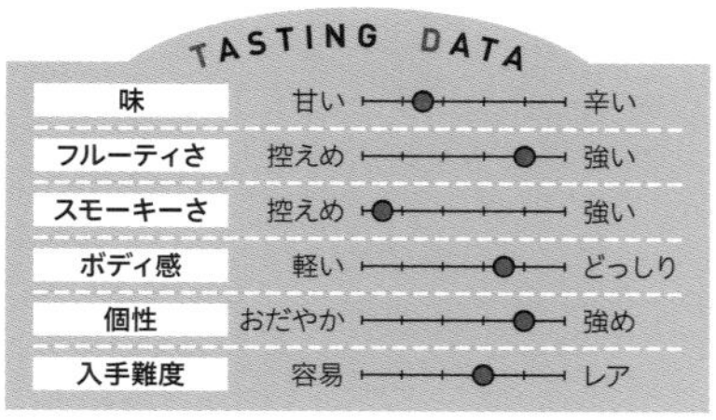

販売元 MHD モエ ヘネシー ディアジオ株式会社 https://www.mhdkk.com

ジョン・デュワー＆サンズ社

デュワーズ12年

Dewar's

ブレンデッド

2723円（参考価格）／700ml／40%

40種以上の原酒をブレンドした世界中で愛される銘柄

ジョン・デュワーが創業し、のちに家業を継いだ2人の息子によって世界的なウイスキーブランドに。こちらの「12年」は40種類以上の原酒をブレンドし、なめらかな味わいと芳醇な香りが持ち味の1本に仕上がっている。ハイボールで楽しむのもおすすめだ。

おすすめの飲み方

- ストレート
- **オン・ザ・ロック**
- ハーフロック
- ミストスタイル
- トワイスアップ
- **水割り**
- **ハイボール**
- **お湯割り**
- カクテル

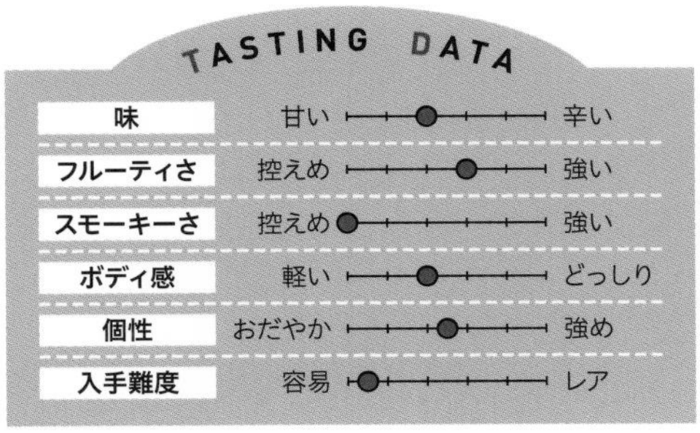

ボトル上部に刻まれたデュワーズのロゴ。古代から伝わるケルト文様がモチーフになっている。

販売元　バカルディ ジャパン株式会社　https://www.bacardijapan.jp/

ジョン・デュワー＆サンズ社

デュワーズ25年

Dewar's

ブレンデッド

2万1450円（参考価格）／750ml／40%

スムースで深みのある逸品が贅沢なひとときをもたらす

7代目マスターブレンダーのマクラウド女史が全工程丹精を込めて仕上げた自信作。香りは芳醇でエレガント。味わいも甘さ、クリーミーさと複雑さが見事に調和。

販売元　バカルディ ジャパン株式会社　https://www.bacardijapan.jp/

ジョン・デュワー＆サンズ社

デュワーズ15年

Dewar's

ブレンデッド

5500円（参考価格）／750ml／40%

香りはラグジュアリー味わいはエキゾチック

15年以上熟成されたアバフェルディを中心に40種類以上の原酒をブレンド。熟した果実の香りとスムースな味わいはストレートからハイボールまで多彩に楽しめる。

販売元　バカルディ ジャパン株式会社　https://www.bacardijapan.jp/

ジョン・デュワー＆サンズ社

デュワーズ ホワイト・ラベル

Dewar's

ブレンデッド

1731円（参考価格）／700ml／40%

華やかでスムースな味わいハイボールにも最適の一杯

ウイスキーの消費大国・アメリカで抜群のシェアを誇るスコッチ。モルト含有率が高く、スパイシーさとマイルドさのバランスも絶妙。ハイボールにもいい。

販売元　バカルディ ジャパン株式会社　https://www.bacardijapan.jp/

ジョン・デュワー＆サンズ社

デュワーズ18年

Dewar's

ブレンデッド

1万973円（参考価格）／750ml／40%

リッチな香りとなめらかな味こだわりのある愛飲家向き

18年以上の原酒をブレンド。5つの蒸留所で造られたキーモルトの個性がバランス良く調和し、スムースな味わいの中にアーモンドやバターなどの風味が漂う。

販売元　バカルディ ジャパン株式会社　https://www.bacardijapan.jp/

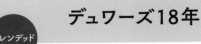

ヘイグ社

ディンプル12年

Dimple

ブレンデッド

見事なバランス感を有する バニラ香とスパイシーさ

1890年に醸造家ジョン・ヘイグにより発売された、スコッチのブレンデッドウイスキーの草分け的存在。ほのかに甘く、やさしい味わいが魅力。「くぼみ」を指す酒名の通り、ボトルに施されたくぼみも愛らしい。

おすすめの飲み方

ストレート	**オン・ザ・ロック**	ハーフロック
ミストスタイル	トワイスアップ	**水割り**
ハイボール	お湯割り	カクテル

TASTING DATA

味	甘い	辛い
フルーティさ	控えめ	強い
スモーキーさ	控えめ	強い
ボディ感	軽い	どっしり
個性	おだやか	強め
入手難度	容易	レア

4400円／700ml／40%

販売元 日本酒類販売株式会社 ☎ 0120-866-023

ジャステリーニ&ブルックス社

J&Bレア

J&B RARE

ブレンデッド

フルーティで軽快 水割りやハイボールでも

創業者のジャステリーニはウイスキー業界では珍しいイタリア人。恋心を抱いたオペラ歌手を追って英国に移り住んだという逸話も。リンゴや洋梨のようにフルーティな味わいで、水割りやハイボールにも合う。

おすすめの飲み方

ストレート	オン・ザ・ロック	ハーフロック
ミストスタイル	トワイスアップ	**水割り**
ハイボール	**お湯割り**	**カクテル**

TASTING DATA

味	甘い	辛い
フルーティさ	控えめ	強い
スモーキーさ	控えめ	強い
ボディ感	軽い	どっしり
個性	おだやか	強め
入手難度	容易	レア

オープン価格／700ml／40%

販売元 ディアジオ ジャパン ☎ 0120-014-969(お客様センター 平日10:00～17:00)

マクダフ・インターナショナル社

アイラ・ミスト10年

ISLAY MIST

ブレンデッド

アイラモルトの特徴あふれる 味わい豊かなブレンデッド

オーク樽で10年以上熟成したことにより、複雑なスパイスやピートの風味を持つ個性的なフレーバーに。「8年」より角が取れた味わいを評価する愛好家も多い。ミストスタイルやハイボールでも。

おすすめの飲み方

ストレート	**オン・ザ・ロック**	ハーフロック
ミストスタイル	トワイスアップ	水割り
ハイボール	お湯割り	カクテル

TASTING DATA

味	甘い	辛い
フルーティさ	控えめ	強い
スモーキーさ	控えめ	強い
ボディ感	軽い	どっしり
個性	おだやか	強め
入手難度	容易	レア

5610円／700ml／40%

販売元 ユニオンリカーズ株式会社 ☎ 03-5510-2684

マクダフ・インターナショナル社

アイラ・ミスト8年

ISLAY MIST

ブレンデッド

口に含んだ瞬間が衝撃的 “海霧”ならではのピート感

アイラ島のモルト原酒の中でも「ラフロイグ」をキーモルトに、スペイサイドモルトとグレーン原酒をブレンド。口に含むとアイラモルトならではのピート感が真っ先に訪れ、柑橘系の爽やかな香りが続く。

おすすめの飲み方

ストレート	**オン・ザ・ロック**	ハーフロック
ミストスタイル	トワイスアップ	水割り
ハイボール	お湯割り	カクテル

TASTING DATA

味	甘い	辛い
フルーティさ	控えめ	強い
スモーキーさ	控えめ	強い
ボディ感	軽い	どっしり
個性	おだやか	強め
入手難度	容易	レア

3410円／700ml／40%

販売元 ユニオンリカーズ株式会社 ☎ 03-5510-2684

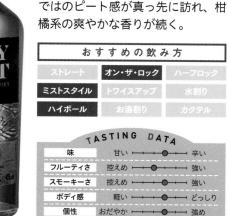

マクダフ・インターナショナル社

ティーチャーズ ハイランドクリーム

TEACHER'S

ブレンデッド

1397円／700ml／40%

英国内で売り上げ２位を記録 独特のスモーキーさを演出

ネーミングは、ハイランドモルトの粋を集めて絶妙にブレンドした精華（クリーム）であることに由来。アードモア蒸留所の原酒をキーモルトに独特のスモーキーさを演出。力強さとしっかりしたコクが特徴。

おすすめの飲み方

ストレート	オン・ザ・ロック	ハーフロック
ミストスタイル	トワイスアップ	**水割り**
ハイボール	お湯割り	カクテル

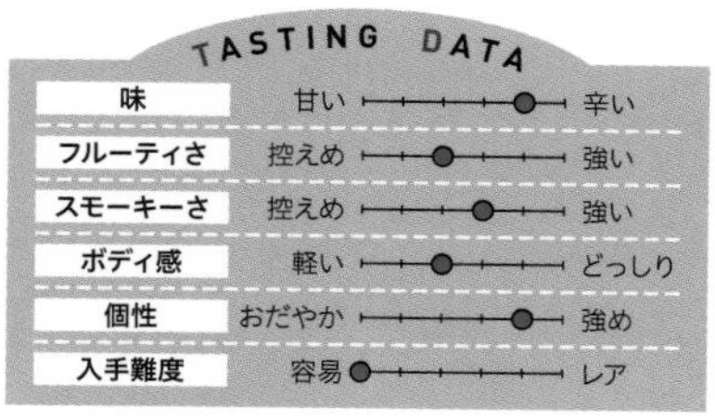

販売元 サントリー https://www.suntory.co.jp/whisky/

ウィリアム・グラント＆サンズ社

グランツ トリプルウッド

Grant's

ブレンデッド

1529円／700ml／40%

3つの蒸留所の原酒を使用 良質なグレーンが活きる

シングルモルトで世界的な人気を誇るグレンフィディックと同じ会社から発売されている。３つの蒸留所で生産される原酒を中心にブレンド。モルトの甘みとグレーンの辛みがマッチした、親しみやすい１本だ。

おすすめの飲み方

ストレート	オン・ザ・ロック	ハーフロック
ミストスタイル	トワイスアップ	**水割り**
ハイボール	**お湯割り**	**カクテル**

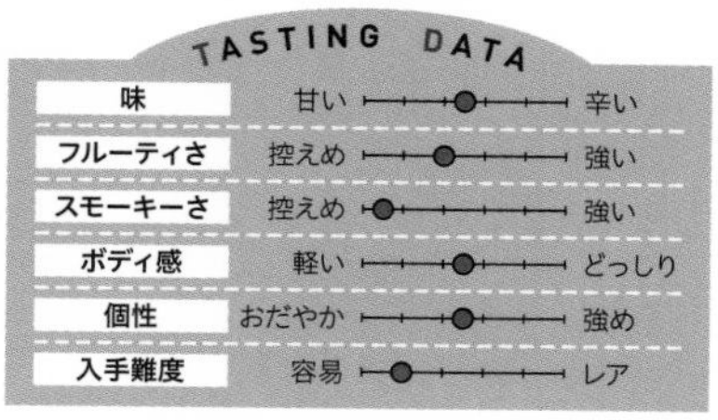

販売元 三陽物産株式会社 ☎ 0120-773-373

ウィリアム・グラント＆サンズ社

モンキーショルダー

MONKEY SHOULDER

ブレンデッドモルト

3960円／700ml／40%

モルトマンへの思いを込め “幻のモルト”で造る逸品

かつては重労働で肩を酷使したモルトマンたちの仕事にリスペクトを込めて命名された。世界のバーが選ぶ注目のスコッチランキングでも１位を獲得。使われるモルトの中でも「キニンヴィ」は“幻のモルト”と呼ばれ、市場にはほぼ出ない希少なものだ。

おすすめの飲み方

ストレート	**オン・ザ・ロック**	**ハーフロック**
ミストスタイル	トワイスアップ	**水割り**
ハイボール	**お湯割り**	**カクテル**

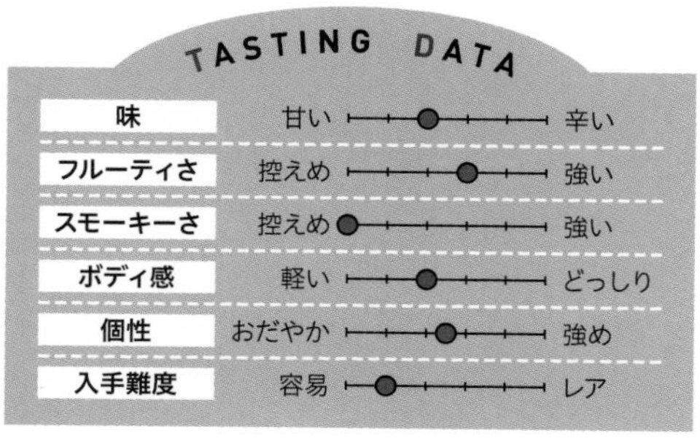

バーなどの料飲店でのみ味わうことのできる「モンキーショルダー スモーキーモンキー」も登場。従来の持ち味にドライピートの香りが加わった。
4620円／700ml／40%

販売元 三陽物産株式会社 ☎ 0120-773-373

アイリッシュ

IRELAND & NORTHERN IRELAND

伝統の3日蒸留製法に基づいた
すっきりと軽やかな味わい

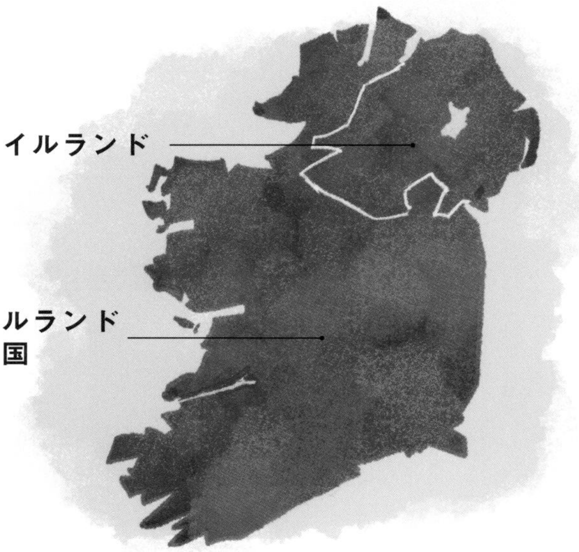

アイルランドは“発祥の地”

アイルランド共和国と、北部のイギリス領である北アイルランドで構成されるアイルランド島。スコットランドと並び「ウイスキー発祥の地」とされ、この島全島で造られるウイスキーを「アイリッシュウイスキー」と呼ぶ。

伝統製法を守りながら多様化も

3回蒸留を行うのがアイリッシュウイスキーの伝統製法。ノンピートでクリアな味わいが基本ながら、現在では個性的で多様なウイスキーが生産されている。かつてはわずか3つまで減少した蒸留所の数も、現在では50を超え、再び隆盛の時代を迎えている。

ブッシュミルズ蒸溜所

ブッシュミルズ

BUSHMILLS

ブレンデッド

400年以上の歴史を持つ 最古の蒸留所の代表銘柄

1608年に公認され、最古の蒸留所といわれるブッシュミルズの定番ボトル。3回蒸留のモルト原酒にグレーン原酒をブレンドし、ライトな口あたりに。ハイボールもいい。

1969円／700ml／40%

販売元 アサヒビール株式会社 ☎0120-011-121(お客様相談室)

ブッシュミルズ蒸溜所

ブッシュミルズ ブラックブッシュ

BUSHMILLS

ブレンデッド

熟した果実のような香りと 重厚な味わいを醸し出す

オロロソシェリー樽とバーボン樽で最長7年熟成させたモルト原酒を使用し、少量生産のグレーンウイスキーとブレンド。熟した果実の香りと重厚な味わいを持つ。

2530円／700ml／40%

販売元 アサヒビール株式会社 ☎0120-011-121(お客様相談室)

ブッシュミルズ蒸溜所

ブッシュミルズ シングルモルト12年

BUSHMILLS

シングルモルト

3回蒸留を経て12年以上熟成 モルト100%のアイリッシュ

アイリッシュ伝統の3回蒸留を経て、オロロソシェリー樽とバーボン樽で熟成後、マルサラワイン樽でさらに熟成を重ねた。ハチミツやバニラのような甘い香りと複雑な味わいが堪能できる1本だ。

おすすめの飲み方

ストレート　オン・ザ・ロック　ハイボール　お湯割り

TASTING DATA

味	甘い	辛い
フルーティさ	控えめ	強い
スモーキーさ	控えめ	強い
ボディ感	軽い	どっしり
個性	おだやか	強め
入手難度	容易	レア

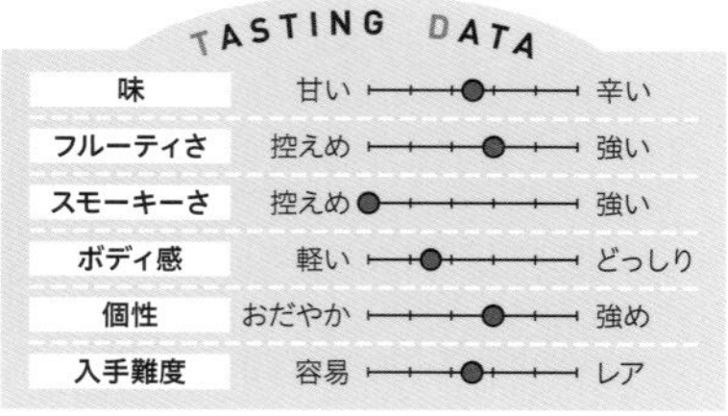

4950円／700ml／40%

販売元 アサヒビール株式会社 ☎0120-011-121(お客様相談室)

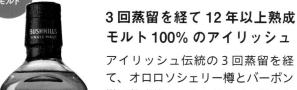

ミドルトン蒸留所

ジェムソン

JAMESON

ブレンデッド

2278円（参考価格）／
700ml／40%

なめらかな口あたりを「ジェムソン・ソーダ」で

ピートを使わず、大麦、モルト、グレーンの3つの原料で造られるジェムソンのスタンダードな1本。3回蒸留を行うことで、よりなめらかな口あたりに仕上げている。スムースな持ち味を存分に楽しむには、シンプルなソーダ割り“ジェムソン・ソーダ”がおすすめ。

おすすめの飲み方

ストレート	**オン・ザ・ロック**	ハーフロック
ミストスタイル	トワイスアップ	水割り
ハイボール	**お湯割り**	**カクテル**

TASTING DATA

味	甘い	辛い
フルーティさ	控えめ	強い
スモーキーさ	控えめ	強い
ボディ感	軽い	どっしり
個性	おだやか	強め
入手難度	容易	レア

ミドルトン蒸留所の前には、かつて使われていた大きな銅製の蒸留機がある。

販売元　ペルノ・リカール・ジャパン株式会社　☎03-5802-2756（お客様相談室）

ミドルトン蒸留所

レッドブレスト 12年

REDBREAST

シングルポットスチル

5830円（参考価格）／
700ml／40%
※2022年7月1日より
価格改定の予定あり

ウイスキー通に支持される昔ながらのアイリッシュ

「レッドブレスト」はコマドリの赤い胸を指し、熟成で赤みを帯びるウイスキーになぞらえたもの。アイリッシュならではのシングルポットスチルでの伝統製法を貫く。重厚でドライフルーツのような風味が魅力。

おすすめの飲み方

ストレート	**オン・ザ・ロック**	ハーフロック
ミストスタイル	トワイスアップ	水割り
ハイボール	お湯割り	カクテル

TASTING DATA

味	甘い	辛い
フルーティさ	控えめ	強い
スモーキーさ	控えめ	強い
ボディ感	軽い	どっしり
個性	おだやか	強め
入手難度	容易	レア

販売元　ペルノ・リカール・ジャパン株式会社　☎03-5802-2756（お客様相談室）

ミドルトン蒸留所

ジェムソン スタウト エディション

JAMESON

ブレンデッド

2750円（参考価格）／
700ml／40%

地元のビール醸造所とのコラボレーションで誕生

地元のクラフトビール醸造所とのコラボが実現。ジェムソンを熟成させた樽でビールを造り、その樽にウイスキーを戻してフィニッシュ。コーヒーのような香りも。

販売元　ペルノ・リカール・ジャパン株式会社　☎03-5802-2756（お客様相談室）

ミドルトン蒸留所

ジェムソン ボウ・ストリート 18年

JAMESON

ブレンデッド

1万8225円（参考価格）／
700ml／約55%

“誕生の地”で仕上げた希少なプレミアムボトル

創設当初の生産拠点「ジェムソン ボウ・ストリート旧蒸留所」で仕上げ、カスクストレングスとしてリリース。ボトルも18面にカットされた特別なデザインに。

販売元　ペルノ・リカール・ジャパン株式会社　☎03-5802-2756（お客様相談室）

※シングルポットスチルウイスキー…アイルランド独自の製法で造られるウイスキー。大麦麦芽と未発芽の大麦の両方を原料に使い、銅製のポットスチルで3回蒸留を行う。

ティーリング蒸留所

ティーリング・シングルポットスティル

TEELING

シングルポットスチル

5852円／700ml／46%

蒸留所初のウイスキーはアイリッシュの伝統製法で

ダブリン市内で125年ぶりとなる2015年に稼働を始めた蒸留所のモルト。アイルランド伝統の製法に忠実に、原料を3回蒸留。バージンオーク樽やワイン樽などで熟成した原酒をブレンドし、独自の味わいに。

おすすめの飲み方

ストレート	オン・ザ・ロック	ハーフロック
ミストスタイル	トワイスアップ	水割り
ハイボール	お湯割り	カクテル

TASTING DATA

味	甘い	辛い
フルーティさ	控えめ	強い
スモーキーさ	控えめ	強い
ボディ感	軽い	どっしり
個性	おだやか	強め
入手難度	容易	レア

販売元 スリーリバーズ ☎03-3926-3508

ミドルトン蒸留所

タラモアデュー

TULLAMORE D.E.W

ブレンデッド

2530円／700ml／40%

繊細でなめらかな麦芽の香りや甘い味わい

「大きな丘」を意味するアイルランド中部の町の名を冠した。大麦の豊かな風味と口の中に広がる芳醇さが魅力の逸品。それでいてクセが少なく、ウイスキー特有のスモーキーさが苦手な入門者にも飲みやすい。

おすすめの飲み方

ストレート	**オン・ザ・ロック**	ハーフロック
ミストスタイル	トワイスアップ	水割り
ハイボール	お湯割り	カクテル

TASTING DATA

味	甘い	辛い
フルーティさ	控えめ	強い
スモーキーさ	控えめ	強い
ボディ感	軽い	どっしり
個性	おだやか	強め
入手難度	容易	レア

販売元 サントリー https://www.suntory.co.jp/whisky/

ウエストコーク蒸留所

ウエストコーク シェリーカスク

WEST CORK

シングルモルト

オープン価格／700ml／43%

シェリー樽の甘いアロマにドライな口あたりも魅力

ファンも多いアイリッシュのシングルモルト。バーボン樽で原酒を熟成させた後、ワイン用品種「ペドロヒメネス」のシェリー樽で仕上げた。干しプルーンやイチジクのような香りとドライな口あたりが楽しい。

おすすめの飲み方

ストレート	**オン・ザ・ロック**	ハーフロック
ミストスタイル	トワイスアップ	水割り
ハイボール	お湯割り	カクテル

TASTING DATA

味	甘い	辛い
フルーティさ	控えめ	強い
スモーキーさ	控えめ	強い
ボディ感	軽い	どっしり
個性	おだやか	強め
入手難度	容易	レア

販売元 コルドンヴェール株式会社 ☎022-742-3120

ウエストコーク蒸留所

ウエストコーク ポートカスク

WEST CORK

シングルモルト

オープン価格／700ml／43%

ポートワイン樽で仕上げた甘み引き立つシングルモルト

ウエストコークは2003年に設立された新しい蒸留所。こちらの1本はバーボン樽で熟成後、ポートワイン樽で仕上げたシングルモルト。ポートワイン由来の甘さやドライフルーツのような香りが心地良い。

おすすめの飲み方

ストレート	**オン・ザ・ロック**	**ハーフロック**
ミストスタイル	トワイスアップ	水割り
ハイボール	お湯割り	カクテル

TASTING DATA

味	甘い	辛い
フルーティさ	控えめ	強い
スモーキーさ	控えめ	強い
ボディ感	軽い	どっしり
個性	おだやか	強め
入手難度	容易	レア

販売元 コルドンヴェール株式会社 ☎022-742-3120

ロイヤルオーク蒸留所

バスカー アイリッシュウイスキー

THE BUSKER

ブレンデッド

3種の樽を贅沢に使用し ワンランク上の味わいに

バーボン、シェリー、マルサラワインの3種の樽を贅沢に使用し、トロピカルフルーツのような香りやトロリとした口あたりが魅力。2020年誕生の新ブランドながら受賞歴もある、アイリッシュ注目の1本。

おすすめの飲み方

ストレート	**オン・ザ・ロック**	ハーフロック
ミストスタイル	トワイスアップ	水割り
ハイボール	**お湯割り**	**カクテル**

TASTING DATA

味	甘い	辛い
フルーティさ	控えめ	強い
スモーキーさ	控えめ	強い
ボディ感	軽い	どっしり
個性	おだやか	強め
入手難度	容易	レア

1980円(参考価格)／700ml／40%

販売元 株式会社ウィスク・イー ☎03-3863-1501

クーリー蒸留所

カネマラ

Connemara

シングルモルト

アイルランドで唯一の ピート香の効いたモルト

アイリッシュウイスキーには珍しい、ピートを炊き込んで造られたシングルモルト。4～8年の熟成年数の異なる原酒をブレンドし、スモーキーさの中にもフルーティな華やかさを楽しむことができる。

おすすめの飲み方

ストレート	**オン・ザ・ロック**	ハーフロック
ミストスタイル	トワイスアップ	水割り
ハイボール	お湯割り	カクテル

TASTING DATA

味	甘い	辛い
フルーティさ	控えめ	強い
スモーキーさ	控えめ	強い
ボディ感	軽い	どっしり
個性	おだやか	強め
入手難度	容易	レア

4620円／700ml／40%

販売元 サントリー https://www.suntory.co.jp/whisky/

キャッスル・ブランド社

ナッポーグキャッスル 12年

KNAPPOGUE CASTLE

シングルモルト

なめらかでフルーティな アイリッシュの入門編

名前は、1467年に建てられたアイルランド西岸の古城にちなむ。「12年」はなめらかでフルーティ。モルトの甘みも感じられ、アイリッシュ入門編に最適な逸品だ。

6600円／700ml／40%

販売元 タイタニックホールディングス株式会社 ☎03-4405-3117

ウォルシュウイスキー社

ライターズティアーズ コッパーポット

WRITERS'TEARS

ブレンデッド

アイルランドの文学界にちなみ "ウイスキーのシャンパン"を再現

「作家の涙」の名を冠した1本は、アイルランドの文豪たちがかつて味わった、通称"ウイスキーのシャンパン"を現代風に再現したもの。スムースで深い味わいが魅力。

4620円／700ml／40%

販売元 リードオフジャパン株式会社 ☎03-5464-8170

エクリンヴィル蒸留所

ダンヴィルズ12年 PXカスク

DUNVILLE'S

シングルモルト

かつて愛された美酒を復刻 花などの甘い香りが層に

1800年代にアイルランドで名を馳せた、ロイヤルアイリッシュ蒸留所の創業家の名を冠したブランドを復刻。花やチョコレート、バニラなどが層になって香り、「なめて飲む」スタイルを楽しむ愛好家も。

おすすめの飲み方

ストレート	**オン・ザ・ロック**	**ハーフロック**
ミストスタイル	トワイスアップ	水割り
ハイボール	お湯割り	カクテル

TASTING DATA

味	甘い	辛い
フルーティさ	控えめ	強い
スモーキーさ	控えめ	強い
ボディ感	軽い	どっしり
個性	おだやか	強め
入手難度	容易	レア

1万2760円／700ml／46%

販売元 タイタニックホールディングス株式会社 ☎03-4405-3117

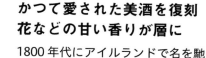

COLUMN

知っておきたい大人のたしなみ

バーの楽しみ方講座

家飲みだけでなく、バーでもウイスキーを味わってみたいと思っている人も多いのでは。
ここでは、バーで楽しく過ごすために知っておきたい基礎知識を解説。
マナーやコツをおさえて格別の一杯をいただこう。

空間を構成するひとりとして 周りへの配慮を忘れずに

バーに立ち寄る目的は、お酒を飲むだけでなく、その空間を楽しむことにもある。

誰もが心地良く感じられる空間というのは、店を切り盛りするバーテンダーの努力だけでなく、そこに居合わせたお客の気づかいもあって初めてでき上がるもの。周りへのリスペクトの気持ちを忘れずに、至福の時間を過ごしたい。

また、バーに来ているお客の中には、最高に楽しい気分の人もいれば、亡き人を思いながらお酒を飲む人、結婚記念日を祝う夫婦など実にさまざま。どんなお客が隣り合って座っていても、それぞれに合った接し方をしながらサービスをしてくれるのもプロのバーテンダーがいる店ならではだ。

特に「オーセンティックバー」といわれるタイプのバーには、お酒の知識や技術はもちろん、接客においても人の心に寄り添った細やかなおもてなしができるバーテンダーが揃っている。

お酒を味わいながら、そんなバーテンダーとの会話を楽しむのも醍醐味のひとつなのだ。

ワンポイント

「オーセンティックバー」とは?

銘酒を味わう本格的なバー。専門知識を持つバーテンダーがおり、静かな雰囲気の中でじっくりお酒を味わえる。少人数向き。ひとりあたり500～1500円程度のチャージ料が必要。

バーの形態としては、他にホテル内のメインバーやラウンジ、大人数で音楽やスポーツ観戦なども楽しめるカジュアルバー、食事と一緒にお酒を飲むダイニングバーなどがある。

お酒に関する深い知識もバーでのおもてなしのひとつ。バーテンダーとの会話から、ウイスキーの新たな魅力を知ることも。

注文に迷ったら バーテンダーに相談を

バーに行った経験が少ないと、お酒の注文時に戸惑ってしまうこともあるかもしれない。

わかりやすく書かれたメニューがあればそこから好みのものをオーダーすれば良いが、バーテンダーに相談してつくってもらうこともできる。恥ずかしがらずに「初心者なので」と伝えよう。その場合もただ「おまかせで」のひと言だけで済ませないように。

好みの一杯に出会うための オーダーのポイント

バーテンダーに相談するときは、どんなお酒が飲んでみたいのかをイメージし、具体的に言葉にして伝えよう。また味の好み以外にも、お酒に強いか弱いか、前の店ですでに飲んでいるのであれば現在の酔い具合なども合わせて伝えておくとそれらを考慮してつくってくれる。

左に具体的なオーダー例をまとめたので参考にしてみてほしい。

お酒の頼み方の例

- スモーキーな香りが強いものをください
- 個性が強めのものをストレートでお願いします
- アルコール控えめで柑橘系のカクテルをいただきたいのですが
- ハイボールに合う銘柄はどれですか?
- 水割りでおいしく飲めるウイスキーをいただけますか?
- スコッチのアイラ系で●●●以外の銘柄を飲んでみたいです
- 日本のウイスキーで新しい銘柄があれば飲んでみたいです。
- バーボンでほかに何かおすすめはありますか?

バーでスマートに楽しむためのポイント

- Tシャツやサンダルなどのカジュアルすぎる服装は避ける
- 乾杯の時はグラス同士をぶつけない
- タバコを吸うときは周りに配慮する
- ゆっくり静かに楽しみたいときは月曜日や早めの時間が狙い目（滞在は2時間を目安に）
- 飲み物の「ハーフ」のオーダーはしない（高額なお酒は可能な場合もある）
- 店が混んできたら長居をしない
- 読書やスマホに夢中になりすぎず、一杯で長く居座ったりしない
- 隣の人にむやみに話しかけない
- バーテンダーをひとり占めしない
- 勝手に目の前にあるウイスキーのキャップを開けたり匂いをかいだりしない
- 声のボリュームに気をつける
- 周囲の人が不快になる話題は避ける
- 写真を撮るときはお店の人に許可を取るのがマナー
- お会計は時間に余裕を持ってお願いする
- 複数人のときは個別会計しない
- バーテンダーの「だいぶお飲みですね」のひと言は、「そろそろお帰りを」の合図と心得る

アメリカン

AMERICAN

新樽の内側を焦がして造るバーボン
独自な製法のテネシーウイスキーも

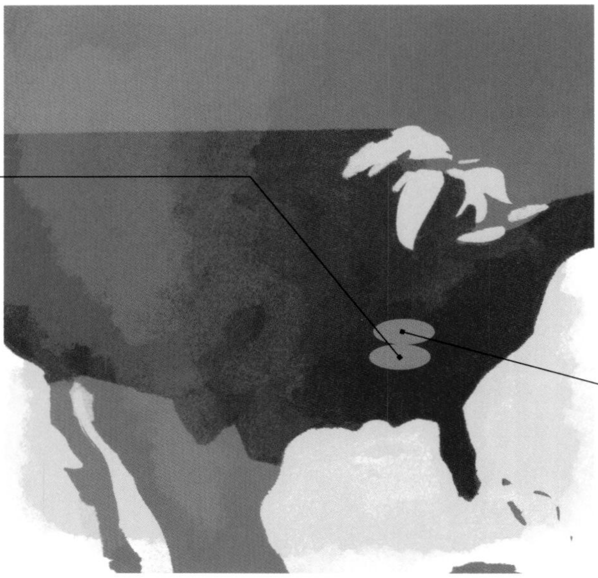

テネシー州

テネシーウイスキーも法律ではバーボンウイスキーに分類されるが、テネシー産のサトウカエデを燃やして造った炭で原酒をろ過する「チャコールメローイング」という特有の工程が加わる。

主原料がコーンの「バーボン」
特有の工程が加わる「テネシー」

アメリカのウイスキーには、主にケンタッキー州で造られる「バーボン」と、テネシー州で造られる「テネシーウイスキー」がある。また、ライ麦を主原料とするライウイスキーの生産もさかん。

ケンタッキー州

コーンを主原料とし、内側を焦がす「チャー」と呼ばれる作業を施した新樽で造られる「バーボン」発祥の地。現在もバーボンウイスキーの蒸留所の多くがこのエリアに集中している。

ジムビーム蒸留所

ジムビーム・ブラック

JIM BEAM

バーボン

6年以上の樽熟成を経た ジムビーム最上級品

6年以上の長期熟成を経て生まれた、芳醇な香りと奥深い味わいに、エレガントな後味が魅力。味はしっかりしていながらマイルドな飲み口の、ジムビーム最上級品。

2640円／700ml／40%

販売元 サントリー https://www.suntory.co.jp/whisky/

ジムビーム蒸留所

ジムビーム・ライ

JIM BEAM

ライウイスキー

禁酒法以前のスタイル守る ライ麦独特のスパイシーさ

ライ麦由来のスパイシーでドライな香味にフルーティさも感じられる、ライトな1本。ほんのり漂うバニラとオークの香りがライの個性をバランス良く和らげる。

1837円／700ml／40%

販売元 サントリー https://www.suntory.co.jp/whisky/

ジムビーム蒸留所

ジムビーム

JIM BEAM

バーボン

200年以上の歴史を誇る シェアNo.1バーボン

バーボンの世界売上No.1を誇る、1795年創業の老舗。こちらの1本は熟成樽の内側をしっかりと焦がすことで、甘さとスパイシーさが融合した味わいに仕上がっている。ライトなタイプで、入門者にも。

おすすめの飲み方

ストレート	**オン・ザ・ロック**	ハーフロック
ミストスタイル	トワイスアップ	水割り
ハイボール	お湯割り	**カクテル**

TASTING DATA

味	甘い	辛い
フルーティさ	控えめ	強い
スモーキーさ	控えめ	強い
ボディ感	軽い	どっしり
個性	おだやか	強め
入手難度	容易	レア

1694円／700ml／40%

販売元 サントリー https://www.suntory.co.jp/whisky/

ワイルドターキー蒸留所

ワイルドターキー8年

WILD TURKEY

バーボン

歴代の米国大統領が愛飲 8年熟成の変わらぬ逸品

インパクトのあるフルボディテイストながら心地良い甘さとコクが余韻を残す8年熟成。加水量が少なく、アルコールは50.5%。原酒に近い味が楽しめる。「アリゲーター・チャー」と呼ばれる、内側を強く焦がしたオーク樽での熟成により深い琥珀色が得られる。

おすすめの飲み方

ストレート	オン・ザ・ロック	ハーフロック
ミストスタイル	トワイスアップ	水割り
ハイボール	お湯割り	カクテル

TASTING DATA

味	甘い	辛い
フルーティさ	控えめ	強い
スモーキーさ	控えめ	強い
ボディ感	軽い	どっしり
個性	おだやか	強め
入手難度	容易	レア

ケンタッキー州にあるワイルドターキー蒸留所。ブルーグラスと呼ばれる肥沃な穀倉地帯に建つ。

4070円／700ml／50.5%

販売元 CTスピリッツジャパン ☎03-6455-5810(カスタマーサービス)

ワイルドターキー蒸留所

ワイルドターキー レアブリード

WILD TURKEY

バーボン

加水を一切行わない ピュアなバーボンの味わい

6～12年熟成の原酒をブレンドし、一切加水せずにボトリング。バーボンの本質を追求した逸品だ。その持ち味が際立つハイボールが特におすすめ。

6600円／700ml／58.4%

販売元 CTスピリッツジャパン ☎03-6455-5810(カスタマーサービス)

ワイルドターキー蒸留所

ワイルドターキー ライ

WILD TURKEY

ライウイスキー

甘さ控えめでスパイシー カクテルベースの必需品

原料の51%以上にライ麦を使用。バーボンよりも甘さ控えめでスパイシーな、爽やかな味わい。ほんのり続くバニラの香りも心地良い。カクテルベースにも。

4400円／700ml／40.5%

販売元 CTスピリッツジャパン ☎03-6455-5810(カスタマーサービス)

ワイルドターキー蒸留所

ワイルドターキー スタンダード

WILD TURKEY

バーボン

柔らかな口あたりで ベーシックな味わい

6～8年熟成の原酒をバランス良くブレンド。アルコール度数を40.5%に抑えているため、深い味わいはそのままに口あたりは柔らかで飲みやすい。バニラや洋梨のような甘さとほのかなスパイシーさが漂う。

おすすめの飲み方

ストレート	オン・ザ・ロック	ハーフロック
ミストスタイル	トワイスアップ	水割り
ハイボール	お湯割り	カクテル

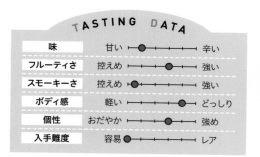

TASTING DATA

味	甘い	辛い
フルーティさ	控えめ	強い
スモーキーさ	控えめ	強い
ボディ感	軽い	どっしり
個性	おだやか	強め
入手難度	容易	レア

2860円／700ml／40.5%

販売元 CTスピリッツジャパン ☎03-6455-5810(カスタマーサービス)

ジムビーム蒸留所

ベイカーズ2021

BAKER'S

バーボン

好条件下7年超熟成による パンチの効いたフルボディ

ビーム社の9段積みの貯蔵庫で、温度が若干高く湿度が低いために熟成が早く進む上段の原酒を7年超寝かせてボトリング。オークの樽香が豊かに際立ち、パンチのあるフルボディタイプに仕上がった。

おすすめの飲み方

ストレート	**オン・ザ・ロック**	ハーフロック
ミストスタイル	トワイスアップ	水割り
ハイボール	お湯割り	カクテル

TASTING DATA

味	甘い	──●────────	辛い
フルーティさ	控えめ	─────●─────	強い
スモーキーさ	控えめ	──●────────	強い
ボディ感	軽い	────────●──	どっしり
個性	おだやか	──────●────	強め
入手難度	容易	────────●──	レア

6160円／750ml／53%
数量限定品

販売元 サントリー https://www.suntory.co.jp/whisky/

ジムビーム蒸留所

ブッカーズ2021

BOOKER'S

バーボン

高評価に応えて製品化した ブッカー・ノウの最高傑作

名匠ブッカー・ノウが賓客だけに振る舞い、あまりの評判の良さに製品化した逸品。バーボンの中では極めて高い62%のアルコール度数ながらなめらかで、フルーティさの中に独特のスパイシーさも感じられる。

おすすめの飲み方

ストレート	**オン・ザ・ロック**	ハーフロック
ミストスタイル	トワイスアップ	水割り
ハイボール	お湯割り	カクテル

TASTING DATA

味	甘い	─────●─────	辛い
フルーティさ	控えめ	─────●─────	強い
スモーキーさ	控えめ	──●────────	強い
ボディ感	軽い	──────────●	どっしり
個性	おだやか	──────────●	強め
入手難度	容易	────────●──	レア

7700円／750ml／62%
数量限定品

販売元 サントリー https://www.suntory.co.jp/whisky/

ジムビーム蒸留所

ノブクリーク

KNOB CREEK

バーボン

9年超の長期熟成を経た スモールバッチ・バーボン

6代目ブッカー・ノウが禁酒法以前の“本来のバーボン像”を追求。低温と高温で2度焼きを施したオーク樽で、9年超熟成して仕上げた。フルーティな香りが漂い、リッチなコクとともに甘さの余韻が続く。

おすすめの飲み方

ストレート	**オン・ザ・ロック**	ハーフロック
ミストスタイル	トワイスアップ	水割り
ハイボール	お湯割り	カクテル

TASTING DATA

味	甘い	─────●─────	辛い
フルーティさ	控えめ	──────●────	強い
スモーキーさ	控えめ	●──────────	強い
ボディ感	軽い	────────●──	どっしり
個性	おだやか	────────●──	強め
入手難度	容易	────────●──	レア

4400円／750ml／50%

販売元 サントリー https://www.suntory.co.jp/whisky/

ジムビーム蒸留所

ベイゼル・ヘイデン

BASIL HAYDEN'S

バーボン

アルコール度数40%の スムースな飲み口

かつて愛された造り手の名を冠す。貯蔵庫最下段で8年超、じっくりと熟成。ライ麦比率がジムビームの2倍以上と高く、独特のスパイシーさがありながら飲み口は実にスムースだ。

おすすめの飲み方

ストレート	**オン・ザ・ロック**	ハーフロック
ミストスタイル	トワイスアップ	水割り
ハイボール	お湯割り	カクテル

TASTING DATA

味	甘い	──●────────	辛い
フルーティさ	控えめ	─────●─────	強い
スモーキーさ	控えめ	──●────────	強い
ボディ感	軽い	──●────────	どっしり
個性	おだやか	─────●─────	強め
入手難度	容易	────────●──	レア

5500円／750ml／40%

販売元 サントリー https://www.suntory.co.jp/whisky/

フォアローゼズ蒸留所

フォアローゼズ

Four Roses

バーボン

2024円／700ml／40%
2629円／1000ml／40%

原料・酵母・技にこだわる香り高い“薔薇のバーボン”

原料や水、酵母や技にこだわって造り上げた“薔薇のバーボン”。計算された2種のマッシュビル（穀物の配合比率）と5種の酵母から生まれる、10種の原酒をブレンド。花や果実のような、ほのかな香りとなめらかな味わいが秀逸だ。カクテルにもおすすめ。

おすすめの飲み方

ストレート	**オン・ザ・ロック**	ハーフロック
ミストスタイル	トワイスアップ	水割り
ハイボール	お湯割り	**カクテル**

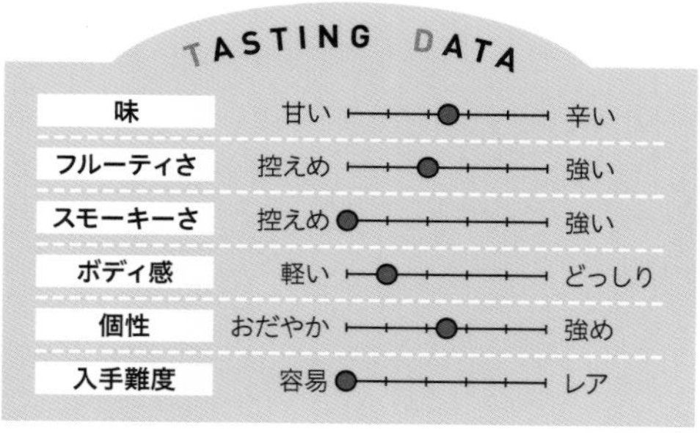

瓶にも刻まれた4輪の薔薇。創業者ポール・ジョーンズがプロポーズをした女性が「OK」の印として胸につけた薔薇のコサージュがモチーフになっている。

販売元 キリンビール ☎0120-111-560(お客様相談室)

フォアローゼズ蒸留所

フォアローゼズ プラチナ

Four Roses

バーボン

8030円／750ml／43%

洗練された香味が堪能できる日本限定の最上級ボトル

限られた長熟原酒のみを使用したフォアローゼズの最上級品。驚くほど洗練された深い味わいやきめ細かいクリーミーな口あたりが楽しめる。日本限定販売。

販売元 キリンビール ☎0120-111-560(お客様相談室)

フォアローゼズ蒸留所

フォアローゼズ シングルバレル

Four Roses

バーボン

6039円／750ml／50%

丁寧に1樽ずつボトリング受賞多数の芳醇な逸品

丁寧にテイスティングしながら厳選した1種類の原酒のみを、1樽ずつボトリングして仕上げた。力強いボディと芳醇な味わいが特徴で、今までに数多くの賞を獲得。

販売元 キリンビール ☎0120-111-560(お客様相談室)

フォアローゼズ蒸留所

フォアローゼズ ブラック

Four Roses

バーボン

3806円／700ml／40%

香り高い原酒を熟成させた日本限定発売の1本

厳選された個性あふれる原酒を使用し、熟成により時間をかけた日本限定発売の逸品。プラムのような熟した果実香やスパイシーさと、オーク樽の香りのハーモニーを味わいながら、より深いまろやかさが楽しめる。

おすすめの飲み方

ストレート	**オン・ザ・ロック**	ハーフロック
ミストスタイル	トワイスアップ	水割り
ハイボール	お湯割り	カクテル

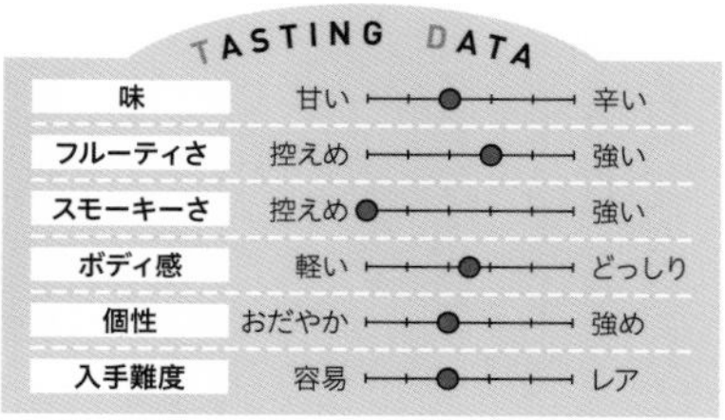

販売元 キリンビール ☎0120-111-560(お客様相談室)

メーカーズマーク

Maker's Mark

バーボン

手製の赤い封蝋が施された
類のないクラフトウイスキー

1本1本手作業で行われる赤い封蝋は、6代目オーナーの妻・マージーのアイデア。同じものは2つとないプレミアムバーボンは多くのファンに親しまれている。こちらのスタンダードボトルは、華やかな香りとまろやかさ、柔らかな甘みが印象的。ハイボールにもいい。

おすすめの飲み方

ストレート	オン・ザ・ロック	ハーフロック
ミストスタイル	トワイスアップ	水割り
ハイボール	お湯割り	カクテル

TASTING DATA		
味	甘い ●—————— 辛い	
フルーティさ	控えめ ————●— 強い	
スモーキーさ	控えめ ●————— 強い	
ボディ感	軽い ———●— どっしり	
個性	おだやか ————●— 強め	
入手難度	容易 ●————— レア	

1951年創業。機械まかせにせず、できる限り手造りにこだわった6代目オーナーのスピリットが今も息づくメーカーズマーク蒸留所。

3080円／700ml／45%

販売元 サントリー https://www.suntory.co.jp/whisky/

I.W.ハーパー ゴールドメダル

I.W.HARPER

バーボン

多数の「メダル」を獲得
家飲みにも最適なバーボン

「ゴールドメダル」の名は、さまざまな博覧会で賞を獲得したことにちなむ。スムースかつすっきりとした味わいで、主にロックやハイボールの飲み方で長く親しまれてきた。家飲みにも常備したい1本。

おすすめの飲み方

ストレート	オン・ザ・ロック	ハーフロック
ミストスタイル	トワイスアップ	水割り
ハイボール	お湯割り	カクテル

TASTING DATA		
味	甘い ——●—— 辛い	
フルーティさ	控えめ ———●— 強い	
スモーキーさ	控えめ ●————— 強い	
ボディ感	軽い ————●— どっしり	
個性	おだやか ————●— 強め	
入手難度	容易 ●————— レア	

オープン価格／700ml／40%

販売元 ディアジオ ジャパン ☎0120-014-969（お客様センター・平日10:00〜17:00）

メーカーズマーク46

Maker's Mark

バーボン

「46」だけの特別工程で
より甘く深い味わいに

熟成した原酒樽の中に「インナーステーブ」と呼ばれる焦がしたフレンチオークの板を10枚沈めて数ヵ月追熟。それによりキャラメルやバニラの甘い香りと樽由来の熟成香が溶け合って厚みのある味わいに。

おすすめの飲み方

ストレート	オン・ザ・ロック	ハーフロック
ミストスタイル	トワイスアップ	水割り
ハイボール	お湯割り	カクテル

TASTING DATA		
味	甘い —●——— 辛い	
フルーティさ	控えめ ————●— 強い	
スモーキーさ	控えめ ●————— 強い	
ボディ感	軽い ————●— どっしり	
個性	おだやか ————●— 強め	
入手難度	容易 ————●— レア	

6380円／750ml／47%

販売元 サントリー https://www.suntory.co.jp/whisky/

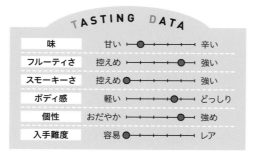

バッファロー・トレース蒸留所

ブラントンブラック

Blanton's

バーボン

マイルドな口あたりに繊細なキレと深みが宿る

ブラントンの製法をそのまま引き継ぎつつも、口あたりをややマイルドに仕上げた1本。原酒をブレンドせず、1樽の原酒から約250本しかできないシングルバレルならではの繊細なキレと深みが魅力。

6600円／750ml／40%

おすすめの飲み方

ストレート	**オン・ザ・ロック**	ハーフロック
ミストスタイル	トワイスアップ	水割り
ハイボール	お湯割り	カクテル

TASTING DATA

味	甘い	辛い
フルーティさ	控えめ	強い
スモーキーさ	控えめ	強い
ボディ感	軽い	どっしり
個性	おだやか	強め
入手難度	容易	レア

問合せ 宝酒造株式会社 ☎075-241-5111(宝ホールディングス株式会社 お客様相談室・平日9:00〜17:00)

バッファロー・トレース蒸留所

ブラントン

Blanton's

バーボン

時間と手間を惜しまない至高のシングルバレル

原酒を1樽ごとに厳格にテイスティング。選び抜かれた樽で熟成のピークを迎えたシングルバレルバーボンは、芳醇で濃密な味わいに。キャップには、ケンタッキーダービーにちなんだ名馬と騎手を冠す。

1万3750円／750ml／46.5%

おすすめの飲み方

ストレート	**オン・ザ・ロック**	ハーフロック
ミストスタイル	トワイスアップ	水割り
ハイボール	お湯割り	カクテル

TASTING DATA

味	甘い	辛い
フルーティさ	控えめ	強い
スモーキーさ	控えめ	強い
ボディ感	軽い	どっしり
個性	おだやか	強め
入手難度	容易	レア

問合せ 宝酒造株式会社 ☎075-241-5111(宝ホールディングス株式会社 お客様相談室・平日9:00〜17:00)

ヘヴン・ヒル蒸留所

エヴァン・ウィリアムス 12年

Evan Williams

バーボン

アルコール度数高めながら上品な香りが鼻に抜ける

12年熟成の原酒を使用した赤ラベル。アルコール度数は高めでパンチが効きながらも、けっして上品な香りは損なわれていない。ドライな喉越しで、ベリー系フルーツの味わいとスパイシーさが心地良い。

4490円(参考価格)／750ml／50.5%

おすすめの飲み方

ストレート	**オン・ザ・ロック**	ハーフロック
ミストスタイル	トワイスアップ	水割り
ハイボール	お湯割り	カクテル

TASTING DATA

味	甘い	辛い
フルーティさ	控えめ	強い
スモーキーさ	控えめ	強い
ボディ感	軽い	どっしり
個性	おだやか	強め
入手難度	容易	レア

販売元 バカルディ ジャパン株式会社 https://www.bacardijapan.jp/

ヘヴン・ヒル蒸留所

エヴァン・ウィリアムス ブラックラベル

Evan Williams

バーボン

ケンタッキーの定番銘柄バーボン入門者にもおすすめ

最初にトウモロコシを原料としたウイスキーを造ったとされる人物の名を冠した、世界2位の販売量を誇るケンタッキーバーボン。スタンダードなこちらは、長期熟成の原酒をブレンドし、入門者にも飲みやすい。

1807円(参考価格)／750ml／43%

おすすめの飲み方

ストレート	**オン・ザ・ロック**	ハーフロック
ミストスタイル	トワイスアップ	水割り
ハイボール	お湯割り	**カクテル**

TASTING DATA

味	甘い	辛い
フルーティさ	控えめ	強い
スモーキーさ	控えめ	強い
ボディ感	軽い	どっしり
個性	おだやか	強め
入手難度	容易	レア

販売元 バカルディ ジャパン株式会社 https://www.bacardijapan.jp/

バッファロートレース蒸留所

バッファロー・トレース

BUFFALO TRACE

バーボン

世界が認めた味わい深い
ストレートバーボン

蒸留所は、現在操業する中では全米最古。世界的な業界誌で「最も優れた蒸留所」に3年連続選出された実績も。その名を冠したストレートバーボンは、甘い味わいと香りがなめらかに広がっていく。

おすすめの飲み方

ストレート	オン・ザ・ロック	ハーフロック
ミストスタイル	トワイスアップ	水割り
ハイボール	お湯割り	カクテル

TASTING DATA

味	甘い ●——— 辛い
フルーティさ	控えめ ———● 強い
スモーキーさ	控えめ● 強い
ボディ感	軽い ——● どっしり
個性	おだやか ———● 強め
入手難度	容易 —● レア

4400円／750ml／45%

販売元　国分グループ本社株式会社　☎ 03-3276-4125

バッファロートレース蒸留所

イーグル・レア 10年

Eagle Rare

バーボン

ケンタッキーの地で熟成
ボトルは特別な日本仕様

厳選された10年貯蔵の樽を丁寧に手作業でボトリングした最高級バーボン。穀物やタバコ葉、熟れたバナナなど複雑な力強い香りを内在し、穀物やオーク樹脂のようなドライな味わいと甘さの余韻が長く続く。

おすすめの飲み方

ストレート	オン・ザ・ロック	ハーフロック
ミストスタイル	トワイスアップ	水割り
ハイボール	お湯割り	カクテル

TASTING DATA

味	甘い ●——— 辛い
フルーティさ	控えめ ——● 強い
スモーキーさ	控えめ● 強い
ボディ感	軽い ———● どっしり
個性	おだやか ———● 強め
入手難度	容易 ——● レア

6600円／700ml／45%

販売元　国分グループ本社株式会社　☎ 03-3276-4125

ヘヴン・ヒル蒸留所

エライジャ・クレイグ
スモールバッチ

ELIJAH CRAIG

バーボン

「バーボンの父」の名に由来
25年の歳月をかけて製品化

「バーボンの父」として称えられているエライジャ・クレイグ牧師の名を冠して少量生産されたバーボン。企画から25年もの歳月をかけて製品化された、濃厚なブラウンシュガーのような甘みが際立つ逸品だ。

おすすめの飲み方

ストレート	オン・ザ・ロック	ハーフロック
ミストスタイル	トワイスアップ	水割り
ハイボール	お湯割り	カクテル

TASTING DATA

味	甘い —● 辛い
フルーティさ	控えめ ——● 強い
スモーキーさ	控えめ● 強い
ボディ感	軽い ——● どっしり
個性	おだやか ——● 強め
入手難度	容易 ——● レア

3465円（参考価格）／
750ml／47%

販売元　バカルディ ジャパン株式会社　https://www.bacardijapan.jp/

ジムビーム蒸留所

オールドグランダッド80

OLD GLAND-DAD

バーボン

「80プルーフ」のアルコールで
マイルドかつ深い味わいが人気

バーボンウイスキーの先駆者、ヘイゼル・ヘイデンへの敬意を込めて子孫らが造り上げた本格派。80プルーフ（＝40%）のアルコール度数で、飲み口はマイルド。深い香りと味わいが高い支持を集めている。

おすすめの飲み方

ストレート	オン・ザ・ロック	ハーフロック
ミストスタイル	トワイスアップ	水割り
ハイボール	お湯割り	カクテル

TASTING DATA

味	甘い —● 辛い
フルーティさ	控えめ ——● 強い
スモーキーさ	控えめ —● 強い
ボディ感	軽い ——● どっしり
個性	おだやか ——● 強め
入手難度	容易 ● レア

2750円／750ml／40%

販売元　サントリー　https://www.suntory.co.jp/whisky/

ウッドフォードリザーブ蒸溜所

ウッドフォードリザーブ・ダブルオークド

WOODFORD RESERVE

バーボン

2種類の樽で熟成された まろやかさと深い味わい

熟成を終えた「ウッドフォードリザーブ」をオリジナルのホワイトオーク樽に入れ追熟。濃い琥珀色に仕上がった1本は、キャラメルやダークフルーツのような香りが広がり、深い味わいに仕上がっている。

6017円／750ml／43%

おすすめの飲み方

ストレート	**オン・ザ・ロック**	ハーフロック
ミストスタイル	トワイスアップ	水割り
ハイボール	お湯割り	カクテル

TASTING DATA

味	甘い	辛い
フルーティさ	控えめ	強い
スモーキーさ	控えめ	強い
ボディ感	軽い	どっしり
個性	おだやか	強め
入手難度	容易	レア

販売元 アサヒビール株式会社 ☎0120-011-121(お客様相談室)

ウッドフォードリザーブ蒸溜所

ウッドフォードリザーブ

WOODFORD RESERVE

バーボン

石灰岩使用の貯蔵庫で じっくりと熟成を重ねる

1812年創業の伝統ある蒸留所で造られる、少量生産のプレミアムバーボン。石灰岩が多い一帯で、豊富なカルシウム分を含む「ライムストーンウォーター」を仕込み水に使い、なめらかな味わいに。

4499円／750ml／43%

おすすめの飲み方

ストレート	オン・ザ・ロック	ハーフロック
ミストスタイル	トワイスアップ	水割り
ハイボール	お湯割り	カクテル

TASTING DATA

味	甘い	辛い
フルーティさ	控えめ	強い
スモーキーさ	控えめ	強い
ボディ感	軽い	どっしり
個性	おだやか	強め
入手難度	容易	レア

販売元 アサヒビール株式会社 ☎0120-011-121(お客様相談室)

ミクターズ蒸留所

ミクターズ US★1 ライウイスキー

MICHTER'S US★1

ライウイスキー

ライ麦主体の原料使用で 多彩なハーモニーが完成

ライ麦をメインに、モルト、コーンをバランス良く使用。ライ麦由来のスパイシーさに、ハチミツ、ローストナッツなどの多彩な味わいが絶妙なハーモニーを奏でる。ミクターズの高い技術が窺える1本だ。

7150円(参考価格)／700ml／42.4%

おすすめの飲み方

ストレート	**オン・ザ・ロック**	ハーフロック
ミストスタイル	**トワイスアップ**	水割り
ハイボール	お湯割り	**カクテル**

TASTING DATA

味	甘い	辛い
フルーティさ	控えめ	強い
スモーキーさ	控えめ	強い
ボディ感	軽い	どっしり
個性	おだやか	強め
入手難度	容易	レア

販売元 株式会社ウィスク・イー ☎03-3863-1501

ミクターズ蒸留所

ミクターズ US★1 バーボンウイスキー

MICHTER'S US★1

バーボン

"コスト度外視"の姿勢で 最高のウイスキーを追求

ミクターズは、アメリカ最古の蒸留所をルーツに持つプレミアムウイスキーブランド。コストを度外視し、最高品質の米国産コーンを主原料に、完璧な熟成を心がける。オーク樽由来のバニラ香も豊か。

7150円(参考価格)／700ml／45.7%

おすすめの飲み方

ストレート	**オン・ザ・ロック**	ハーフロック
ミストスタイル	トワイスアップ	水割り
ハイボール	お湯割り	**カクテル**

TASTING DATA

味	甘い	辛い
フルーティさ	控えめ	強い
スモーキーさ	控えめ	強い
ボディ感	軽い	どっしり
個性	おだやか	強め
入手難度	容易	レア

販売元 株式会社ウィスク・イー ☎03-3863-1501

ビームサントリー社

オールド・クロウ

OLD CROW

バーボン

歴史あるケンタッキーバーボン 爽やかな香りと深い味わい

1835年に誕生した、長い歴史を持つバーボン。商品名は創業者であり、バーボン製造の発展に大きく貢献したジェイムズ・クロウ医学博士にちなむ。爽やかな香りと深みある味わいが長きにわたり愛されている。

おすすめの飲み方

ストレート	オン・ザ・ロック	ハーフロック
ミストスタイル	トワイスアップ	水割り
ハイボール	お湯割り	**カクテル**

TASTING DATA

味	甘い	辛い
フルーティさ	控えめ	強い
スモーキーさ	控えめ	強い
ボディ感	軽い	どっしり
個性	おだやか	強め
入手難度	容易	レア

1540円／700ml／40%

販売元 サントリー https://www.suntory.co.jp/whisky/

ラックス・ロウ蒸留所

エズラ・ブルックス ブラック

EZRA BROOKS

バーボン

良質なコーンを贅沢に使用 4年超熟成のマイルドな味わい

かつてアメリカ政府から「ケンタッキー州で最も優れた小さな蒸留所」と称えられた。コーン比率の高い良質な原材料のみを使い、低温、低アルコールで蒸留。4年以上熟成され、香り豊かで口あたりもマイルド。

おすすめの飲み方

ストレート	**オン・ザ・ロック**	ハーフロック
ミストスタイル	トワイスアップ	水割り
ハイボール	お湯割り	カクテル

TASTING DATA

味	甘い	辛い
フルーティさ	控えめ	強い
スモーキーさ	控えめ	強い
ボディ感	軽い	どっしり
個性	おだやか	強め
入手難度	容易	レア

オープン価格／750ml／45%

販売元 富士貿易株式会社 ☎045-622-2989

ヘヴン・ヒル蒸留所

ヘヴン・ヒル オールドスタイル

HEAVEN HILL

バーボン

さっぱりした口あたりと パワフルなモルトの香味

ケンタッキーの名門、ヘヴン・ヒル社のスタンダードバーボン。さっぱりとした口あたりながら、モルトの力強い香味も楽しむことができる。価格も手頃で家飲みにもおすすめ。入門者も試しやすい1本だ。

おすすめの飲み方

ストレート	オン・ザ・ロック	ハーフロック
ミストスタイル	トワイスアップ	水割り
ハイボール	お湯割り	**カクテル**

TASTING DATA

味	甘い	辛い
フルーティさ	控えめ	強い
スモーキーさ	控えめ	強い
ボディ感	軽い	どっしり
個性	おだやか	強め
入手難度	容易	レア

1337円（参考価格）／700ml／40%

販売元 バカルディ ジャパン株式会社 https://www.bacardijapan.jp/

バッファロートレース蒸留所

エンシェント・エイジ〈2A〉

Ancient Age

バーボン

4年貯蔵で口あたりのいい オールドアメリカンタイプ

名前の2つのAから「2A」の呼び名で親しまれ、古き良きオールドアメリカンを彷彿とさせるストレート・バーボン・ウイスキー。4年間貯蔵した原酒を使用し、スムースでクリーンな口あたりが特徴。

おすすめの飲み方

ストレート	**オン・ザ・ロック**	ハーフロック
ミストスタイル	トワイスアップ	水割り
ハイボール	お湯割り	カクテル

TASTING DATA

味	甘い	辛い
フルーティさ	控えめ	強い
スモーキーさ	控えめ	強い
ボディ感	軽い	どっしり
個性	おだやか	強め
入手難度	容易	レア

2189円／700ml／40%

問合せ 宝酒造株式会社 ☎075-241-5111（宝ホールディングス株式会社 お客様相談室・平日9:00〜17:00）

テンプルトン蒸留所

テンプルトン ライウイスキー 4年

TEMPLETON RYE

ライウイスキー

3850円（参考価格）／750ml／40%

ライ麦を95%使用した ライウイスキーの最高峰

禁酒法時代に人気を博したライウイスキーのオマージュ。ライ麦を95%も使用して蒸留した後、しっかりと焦がしたアメリカンホワイトオークの新樽で最低4年間熟成。豊かな香りとスムースな飲み口は秀逸だ。

おすすめの飲み方

ストレート	**オン・ザ・ロック**	ハーフロック
ミストスタイル	トワイスアップ	水割り
ハイボール	お湯割り	**カクテル**

TASTING DATA

味	甘い	辛い
フルーティさ	控えめ	強い
スモーキーさ	控えめ	強い
ボディ感	軽い	どっしり
個性	おだやか	強め
入手難度	容易	レア

販売元 株式会社ウィスク・イー ☎ 03-3863-1501

ブレット蒸留所

ブレット バーボン

BULLEIT BOURBON

バーボン

オープン価格／700ml／45%

130年ぶりにレシピを復活 複層的でなめらかな味わい

ケンタッキー州の居酒屋店主、オーガスタス・ブレットが造り始めた。彼の事故死によって途絶えたレシピを、その子孫が130年ぶりに復活させた。良質なライ麦を使い、複層的でなめらかな味に仕上がっている。

おすすめの飲み方

ストレート	**オン・ザ・ロック**	ハーフロック
ミストスタイル	トワイスアップ	水割り
ハイボール	お湯割り	カクテル

TASTING DATA

味	甘い	辛い
フルーティさ	控えめ	強い
スモーキーさ	控えめ	強い
ボディ感	軽い	どっしり
個性	おだやか	強め
入手難度	容易	レア

販売元 ディアジオ ジャパン ☎ 0120-014-969（お客様センター・平日10:00～17:00）

ジャックダニエル蒸溜所

ジャックダニエル ブラック

JACK DANIEL'S

テネシー

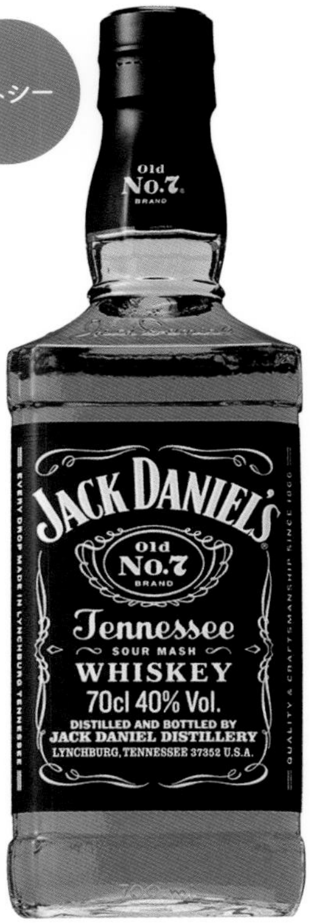

2805円／700ml／40%

伝統製法で造り上げる まろやかなテネシーウイスキー

アメリカを代表するテネシーウイスキーの名門。サトウカエデの木炭でウイスキーをろ過する、伝統の「チャコールメローイング製法」を採用。雑味がなく、すっきりとした軽快な味わいを楽しむことができる。一般的なバーボンよりも甘みとまろやかさがある。

おすすめの飲み方

ストレート	**オン・ザ・ロック**	ハーフロック
ミストスタイル	トワイスアップ	水割り
ハイボール	お湯割り	**カクテル**

TASTING DATA

味	甘い	辛い
フルーティさ	控えめ	強い
スモーキーさ	控えめ	強い
ボディ感	軽い	どっしり
個性	おだやか	強め
入手難度	容易	レア

2回のろ過を行う「ジェントルマン・ジャック」は名前の通りのやさしい味わい。生産量の限られたレアな1本だ。
3685円／750ml／40%

販売元 アサヒビール株式会社 ☎ 0120-011-121（お客様相談室）

カナディアン

CANADIAN

ライ麦を多く含んだ 爽やかな味わいが魅力

ウイスキー造りは18世紀後半から

カナダでウイスキー造りが行われるようになったのは18世紀後半と、比較的最近のこと。アメリカの独立戦争後に独立に反対していた人々がカナダに移住し、ウイスキーを造り始めたのがきっかけだという。

寒冷なカナダで育つライ麦が主原料に

カナディアンウイスキーは、コーンやライ麦を主原料に造られた、すっきりと軽快なブレンデッドウイスキーが主流。カナダのオンタリオ州に蒸留所のある「カナディアンクラブ」などは、その代表的な銘柄だ。

カナディアンクラブ蒸留所

カナディアンクラブ クラシック12年

Canadian Club

ブレンデッド

カナダの厳冬を12回越えた フルボディタイプの逸品

オーク樽の中で、12年以上熟成されたフルボディタイプ。熟成による芳醇な風味と深くマイルドな味わい、そして芯のあるコクが感じられる逸品だ。

2200円／700ml／40%

販売元 サントリー https://www.suntory.co.jp/whisky/

カナディアンクラブ蒸留所

カナディアンクラブ ブラックラベル

Canadian Club

ブレンデッド

日本人向けに造られた限定品 ハイボールや水割りに

繊細な味わいの料理と合わせることの多い日本向けの限定品。オーク樽で8年以上かけて熟成され、コクのある味わいに。ハイボールや水割りで楽しみたい。

4400円／700ml／40%

販売元 サントリー https://www.suntory.co.jp/whisky/

カナディアンクラブ蒸留所

カナディアンクラブ

Canadian Club

ブレンデッド

「C.C」の愛称で親しまれる カナディアンの代表格

かつてアメリカの社交場で人気を博し、今では世界的に知られるブランドに。原酒をブレンド後に樽で熟成させるため、よくなじんでまろやかな仕上がりになっている。日本ではカクテルベースとしても人気だ。

おすすめの飲み方

ミストスタイル

ハイボール

お湯割り

カクテル

1529円／700ml／40%

販売元 サントリー https://www.suntory.co.jp/whisky/

COLUMN

コンビニで買える！

ウイスキーにぴったりなおつまみ

ウイスキーと一緒に楽しめるおつまみをご紹介。
手頃な価格で購入できるものばかりなので、ぜひお試しを。
それぞれにぴったりなウイスキーの種類や飲み方の解説付き！

ミックスナッツ ハニーバター味

210円（税込）

＋ バーボンウイスキーのロック

ナッツの一粒一粒にしっかりとハニーバターがコーティングされていて、少量でもかなりの満足感。バーボンウイスキーのロックとの相性は最高。

販売元 ▶ クリート株式会社
☎03-3378-7740（お客様相談室）

クラッツ 〈ペッパーベーコン〉

132円（税込）

＋ 水割り、ハイボール

濃厚なベーコンとスパイシーなブラックペッパーの風味に、ついついお酒が進む。水割りやハイボールと合わせて楽しもう。

販売元 ▶ 江崎グリコ株式会社
☎0120-917-111

セブンプレミアム アーモンドフィッシュ

108円（税込）

＋ 国産ウイスキー

おつまみの定番はウイスキーにもうってつけ。小魚とアーモンドという「和」と「洋」がマッチしたシンプルな味わいは、国産ウイスキー全般と好相性。

販売元 ▶ セブン－イレブン・ジャパン
☎0120-711-372
（セブン－イレブンお客様相談室）

焼きえいひれ だし醤油味

199.80円（税込）

＋ オン・ザ・ロック

甘めのだし醤油で味つけられた、風味豊かな焼きえいひれのおつまみ。噛むほどに旨みが増す味わいは、ウイスキーのオン・ザ・ロックと合わせたい。

販売元 ▶ 株式会社 道南冷蔵
☎0120-701-075（お客様サービス室）

セブンプレミアムゴールド 金のウインナー

321.84円（税込）

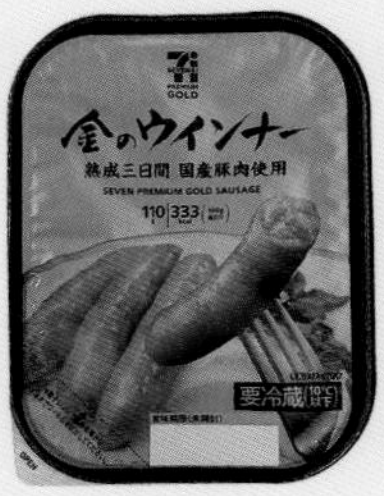

＋ アイラモルト

大きめで食べごたえがあり、パリッとした食感とスモーキーな風味が食欲をそそる。同じくスモーキーさが魅力のアイラモルトと一緒にご賞味あれ。

販売元 ▶ セブン－イレブン・ジャパン
☎0120-711-372
（セブン－イレブンお客様相談室）

セブンプレミアム さばの塩焼

321.84円（税込）

＋ ハイボール

脂がたっぷりとのったさばの塩焼きは塩加減も絶妙。ウイスキー全般と相性が良く、中でもハイボールとの組み合わせは至福。

販売元 ▶ セブン－イレブン・ジャパン
☎0120-711-372
（セブン－イレブンお客様相談室）

※販売元の表記に則り、一部商品の価格を小数点第2位まで記載しています。

ジャパニーズ

JAPANESE

スコッチに学び、独自の改良を重ねた
複雑で繊細なウイスキー

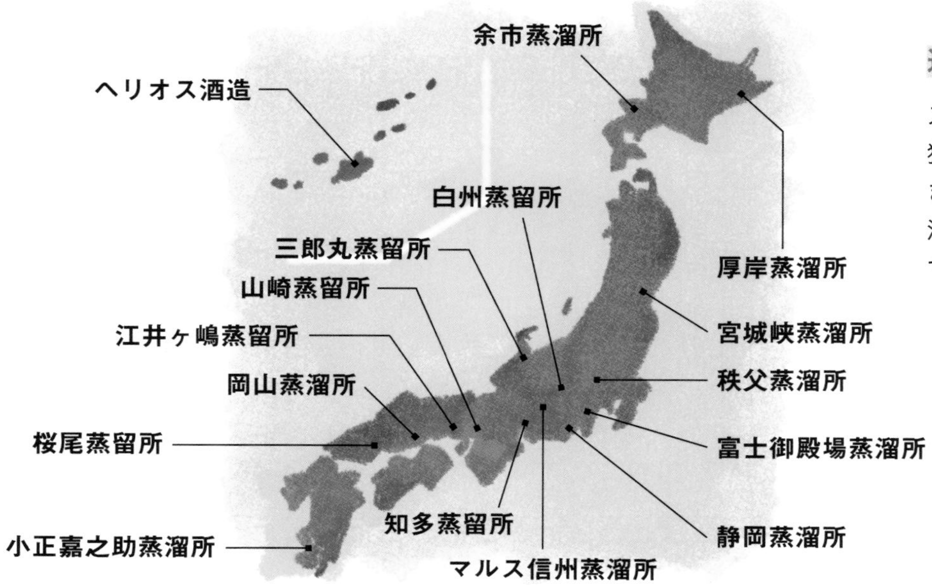

近年は新たな蒸留所も増加

スコッチウイスキーの製法にならい、独自の繊細な味わいをつくり上げてきた日本のウイスキーは、世界でも注目が高まっている。現在では全国で50近い蒸留所が稼働中だ。

※地図に記載の蒸留所は本書で紹介しているもの

山崎蒸留所

山崎

YAMAZAKI

シングルモルト

4950円／700ml／43%

伝統の樽に複数のモルトが調和
ノンエイジのなめらかな1本

熟成年数にかかわらず良い原酒をブレンドした、ノンエイジの逸品。山崎の伝統であるミズナラ樽熟成の原酒に、ワイン樽貯蔵の原酒など、複数の多彩なモルトを掛け合わせて造られた。華やかな香りに、甘くなめらかな味わいが楽しめる。

おすすめの飲み方

ストレート	オン・ザ・ロック	ハーフロック
ミストスタイル	トワイスアップ	水割り
ハイボール	お湯割り	カクテル

TASTING DATA

味	甘い	―――●―――	辛い
フルーティさ	控えめ	――――●――	強い
スモーキーさ	控えめ	―●―――――	強い
ボディ感	軽い	――――●――	どっしり
個性	おだやか	――――●――	強め
入手難度	容易	――――●――	レア

1923年創業の山崎蒸留所は、京都と大阪の中間に位置する、日本最古の蒸留所。背後にはなめらかな水が湧く雄大な山がそびえる。

販売元 サントリー https://www.suntory.co.jp/whisky/

山崎蒸留所

山崎18年

YAMAZAKI

シングルモルト

十分に熟成したフルボディ 奥行きのある複雑な味わい

シェリー樽で18年以上熟成させた原酒を中心にヴァッティング。奥行きのある圧倒的な熟成感を醸し出している。少しの苦味と渋みを含む、甘く重層的な味わい。

3万5200円／700ml／43%

販売元 サントリー https://www.suntory.co.jp/whisky/

山崎蒸留所

山崎25年

YAMAZAKI

シングルモルト

高貴な木香と複雑な甘さ 少量生産の限定品

25年以上の超長期熟成を施した希少な原酒を丁寧にブレンド。高貴な木香や複雑な甘さが堪能できる最高級レベルの1本だ。年間生産はわずか千数百本の限定品。

17万6000円／700ml／43%

販売元 サントリー https://www.suntory.co.jp/whisky/

山崎蒸留所

山崎12年

YAMAZAKI

シングルモルト

世界を魅了し続ける 繊細かつ深みのある自信作

スコッチを手本にしながらも、酒齢12年以上のモルトを吟味し、日本人に合う味を追求。芳醇な香味と華やかな風味は、日本独特のミズナラ材の樽などによって生まれた。繊細で深みがあり、飲み飽きない。

おすすめの飲み方

ストレート	オン・ザ・ロック	ハーフロック
ミストスタイル	トワイスアップ	水割り
ハイボール	お湯割り	カクテル

TASTING DATA

味	甘い	辛い
フルーティさ	控えめ	強い
スモーキーさ	控えめ	強い
ボディ感	軽い	どっしり
個性	おだやか	強め
入手難度	容易	レア

1万1000円／700ml／43%

販売元 サントリー https://www.suntory.co.jp/whisky/

mini COLUMN

「WHISKY」と「WHISKEY」 スペルが2種類あるのはなぜ？

ウイスキーの英語のスペルには2種類あるのをご存知だろうか。ひとつは「WHISKY」、もうひとつは「WHISKEY」。

基本的に、「WHISKY」はスコッチウイスキーやその流れをくんだもの。日本のウイスキー造りもスコッチをお手本に始まったため、日本のウイスキーの多くは今も「WHISKY」と記載されている。

一方の「WHISKEY」は、アイリッシュウイスキーや、アイルランドからアメリカへの移民が造り始めたといわれるバーボンなどのアメリカンウイスキーに多い。

もちろん例外もある。例えばバーボンでも、創業者がスコットランドにルーツがあり「WHISKY」を選択している、といった場合などだ。ウイスキーのラベルを見る際には、スペルにも注目してみてほしい。

WHISKEY
主にアイリッシュ、アメリカンなど（例外もあり）

WHISKY
主にスコッチ、カナディアン、ジャパニーズなど

WHISKEYはスペルに「KEY（＝鍵）」が含まれることから、バーでは「今日は“鍵つき”（「WHISKEY」に分類されるウイスキー）をハイボールで」といったオーダーで会話を楽しむこともあるという。

白州

HAKUSHU

シングルモルト

瑞々しい若葉のような香り 味わいは軽快でクリーミー

南アルプスの広大な自然の中で造られる。ノンエイジの「白州」は蒸留所の多彩な原酒の中から理想のモルトを選び抜き、丹精込めてブレンド。複雑さと奥行きを与える原酒が重なり合って、瑞々しい香りと爽やかな味わいを創出する。

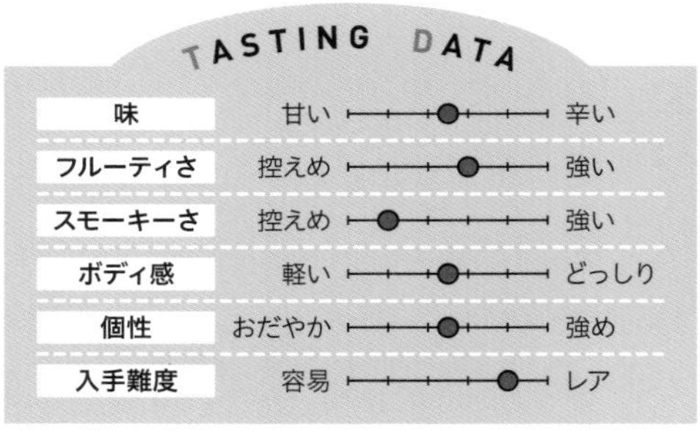

おすすめの飲み方

ストレート	オン・ザ・ロック	ハーフロック
ミストスタイル	トワイスアップ	水割り
ハイボール	お湯割り	カクテル

1973年、サントリーの第2蒸留所として山梨県北杜市に建てられた白州蒸留所。標高700メートルの高地にあり、南アルプスの天然水を用いて仕込まれる。

4950円／700ml／43%

販売元 サントリー https://www.suntory.co.jp/whisky/

白州蒸留所

白州18年

HAKUSHU

シングルモルト

長期熟成ならではの深み コクと甘みが樽香と調和

軽やかな口あたりの中にも長期熟成の豊かな深みが感じられ、ハチミツのような甘さと複雑なコクが樽香と見事に調和している。スモーキーな余韻も味わい深い。

3万5200円／700ml／43%

販売元 サントリー https://www.suntory.co.jp/whisky/

白州蒸留所

白州25年

HAKUSHU

シングルモルト

スモーキーでフルーティ 芳醇壮麗な熟成の極み

酒齢25年以上の原酒の中からクリーミーな原酒とピートを炊き込んだ原酒を選んでブレンド。濃縮された果実の甘さに長熟の深みも加わり、まさに至高の1本だ。

17万6000円／700ml／43%

販売元 サントリー https://www.suntory.co.jp/whisky/

白州蒸留所

白州12年

HAKUSHU

シングルモルト

清々しい森の香りをたたえた クリーンでライトな味わい

森の蒸留所で造られ、若葉のような爽やかな香り。数百種類の酵母の中からビール用の酵母も使い、クリーミーでフルーティな味を引き出している。ハイボールにすると、気泡で香りがいっそう引き立つ。

おすすめの飲み方

ストレート	オン・ザ・ロック	ハーフロック
ミストスタイル	トワイスアップ	水割り
ハイボール	お湯割り	カクテル

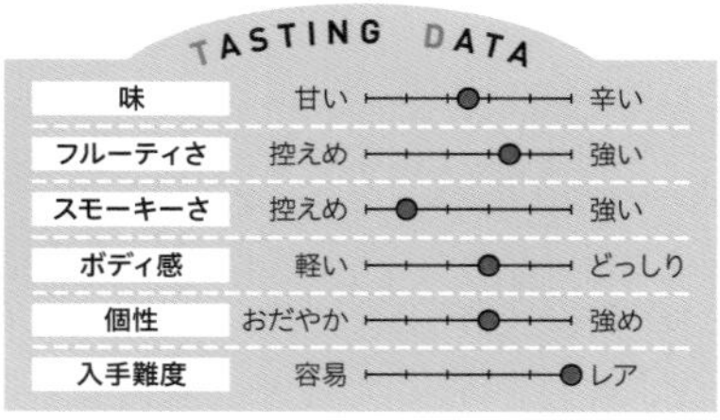

1万1000円／700ml／43%

販売元 サントリー https://www.suntory.co.jp/whisky/

シングルモルト余市

YOICHI

「石炭直火蒸留」で生み出される力強く重厚な"原点"の味

シングルモルト

創業者・竹鶴政孝が選んだウイスキー造りの理想の地、北海道・余市で製造。蒸留時には現在も石炭を使うことで、余市の"原点"ともいうべき力強く重厚な個性を持ったウイスキーができあがる。樽由来の熟成香や麦芽の甘み、ピートの味わいをじっくり堪能したい。

おすすめの飲み方		
ストレート	オン・ザ・ロック	ハーフロック
ミストスタイル	トワイスアップ	水割り
ハイボール	お湯割り	カクテル

TASTING DATA

味	甘い ————●——— 辛い
フルーティさ	控えめ ——●———— 強い
スモーキーさ	控えめ ———●——— 強い
ボディ感	軽い —————●— どっしり
個性	おだやか ————●—— 強め
入手難度	容易 ———●——— レア

スコットランドに似た冷涼な気候の中でウイスキーが造られる、北海道の余市蒸溜所。1934年の設立時から現在も石炭を燃料に蒸留が行われている。

4620円／700ml／45%

販売元 アサヒビール株式会社 ☎ 0120-019-993(お客様相談室・国産洋酒部門)

シングルモルト宮城峡

MIYAGIKYO

"次なる聖地"で造られる柔らかく繊細な味わい

シングルモルト

竹鶴政孝が次に選んだ地、宮城峡で造られるモルト。力強い余市のウイスキーとは対照的に、柔らかく繊細な味わいが特徴だ。リンゴや梨を思わせる甘く華やかな香りと、樽由来の柔らかなバニラ香が調和。ドライフルーツのような甘さで、軽快な余韻。

おすすめの飲み方		
ストレート	オン・ザ・ロック	ハーフロック
ミストスタイル	トワイスアップ	水割り
ハイボール	お湯割り	カクテル

TASTING DATA

味	甘い —●———— 辛い
フルーティさ	控えめ ————●— 強い
スモーキーさ	控えめ —●———— 強い
ボディ感	軽い ———●——— どっしり
個性	おだやか ———●——— 強め
入手難度	容易 ——●——— レア

余市蒸溜所の建設からおよそ30年後の1969年に建てられた宮城峡蒸溜所。宮城峡を流れる新川の伏流水を使ってウイスキーが造られる。

4620円／700ml／45%

販売元 アサヒビール株式会社 ☎ 0120-019-993(お客様相談室・国産洋酒部門)

JAPANESE ジャパニーズ

サントリー

響・ブレンダーズチョイス

HIBIKI

ブレンデッド

国産ブレンデッドの最高峰 まろやかで柔らかな味わい

「人と自然が響きあう」をテーマに1989年、サントリーの創業90周年を記念して誕生。平均15年前後の熟成原酒を使用し、ワイン樽原酒を用いることでフルーティな甘みを創出。日本のウイスキーならではの美しくバランスの取れたハーモニーを満喫できる。

おすすめの飲み方

ストレート	オン・ザ・ロック	ハーフロック
ミストスタイル	トワイスアップ	水割り
ハイボール	お湯割り	カクテル

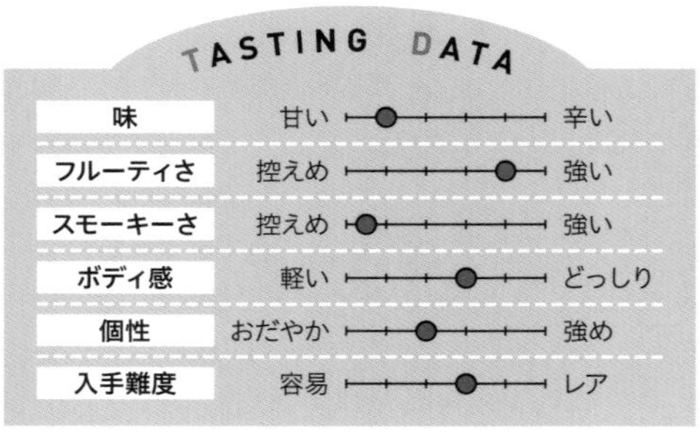

響のボトルの表面は日本の季節を24の言葉で表現する「二十四節季」などにちなんで、24の多面体になっている。

1万3200円／700ml／43%

販売元 サントリー https://www.suntory.co.jp/whisky/

知多蒸留所

サントリーウイスキー知多

CHITA

シングルグレーン

風のように軽やかな味わい 清々しいハイボールは格別

愛知県の知多蒸留所で造られる、トウモロコシを主原料とするシングルグレーンウイスキー。多彩な原酒をブレンドすることで、軽やかでほのかに甘い味わいに。ハイボールにしたときの清々しさは格別だ。

おすすめの飲み方

ストレート	オン・ザ・ロック	ハーフロック
ミストスタイル	トワイスアップ	水割り
ハイボール	お湯割り	カクテル

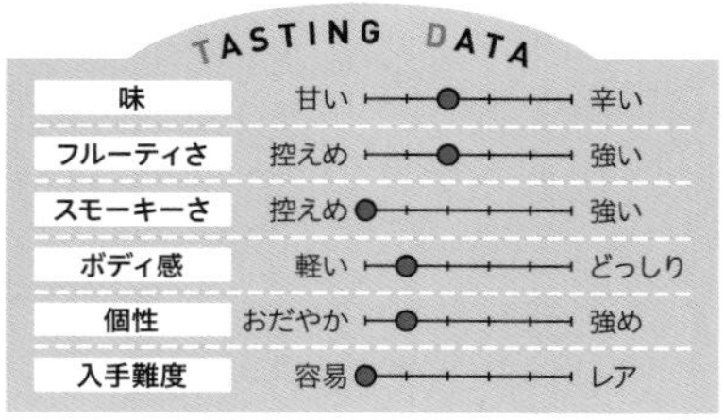

4400円／700ml／43%

販売元 サントリー https://www.suntory.co.jp/whisky/

サントリー

響・21年

HIBIKI

ブレンデッド

多彩な原酒から厳選された 贅沢で心地良いハーモニー

酒齢21年以上の超長期熟成のモルト原酒を入念に吟味してブレンド。フルーティな味わいで、なめらかな中にも21年分のボディ感があり、贅沢感に満ちている。

3万5200円／700ml／43%

販売元 サントリー https://www.suntory.co.jp/whisky/

サントリー

響・30年

HIBIKI

ブレンデッド

すべて手作業で丹念に製造 贅を極めた宝石のような酒

年間数千本しか製造されない希少な逸品。いずれも酒齢30年以上のモルト原酒とグレーン原酒をブレンド。贅を極めた美酒は世界の愛好家から高く評価されている。

17万6000円／700ml／43%

販売元 サントリー https://www.suntory.co.jp/whisky/

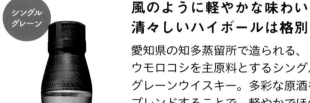

サントリー

サントリーウイスキーオールド

SUNTORY

ブレンデッド

2068円／700ml／43%

“だるま”の愛称でおなじみ 甘い香りと舌にやさしい味わい

1950年の発売以来、多くの愛好家の舌により鍛えられ、磨かれてきた。現代に通じる上質感・高級感を追求し、シェリー樽を強化することで、いっそうまろやかに。

販売元　サントリー　https://www.suntory.co.jp/whisky/

サントリー

サントリーワールドウイスキー碧Ao

SUNTORY

ブレンデッド

5500円／700ml／43%

世界五大ウイスキーの個性的な原酒を1本に

スコッチ、アイリッシュ、アメリカン、カナディアン、ジャパニーズの世界五大ウイスキーの蒸留所を持つサントリーが完成させたブレンドの集大成。至高の口あたり。

販売元　サントリー　https://www.suntory.co.jp/whisky/

mini COLUMN

愛すべき限定ラベル

ウイスキーメーカーでは、商品のメモリアルイヤーや大規模イベント開催の記念として、あるいは他業種の人気コンテンツとのコラボなど、さまざまなタイミングで限定ラベルを発売することがある。

いつも飲んでいる銘柄でも、ラベルのデザインが違えばまた違った気分で楽しめるというもの。さっそく一杯やるもよし、コレクションして楽しむもよし。限定ラベルに出会ったら、ぜひ手に取ってみてほしい。

写真は2022年に発売された「サントリートリスウイスキークラシック」の限定ラベル「鉄旅トリス」。さまざまな旅先でトリスを味わう「アンクルトリス」の姿が描かれている。

サントリー

サントリーウイスキー角瓶

SUNTORY

ブレンデッド

1749円／700ml／40%

日本のウイスキーの定番 80年を超えるロングセラー

サントリー創業者・鳥井信治郎の「スコッチに負けないウイスキーを」の信念から誕生。山崎、白州の両蒸留所の原酒をバランス良くブレンド。甘みのある香りやコク、ドライな飲み口で広く親しまれる1本だ。

おすすめの飲み方

ストレート	**オン・ザ・ロック**	ハーフロック
ミストスタイル	トワイスアップ	**水割り**
ハイボール	**お湯割り**	カクテル

TASTING DATA

味	甘い	辛い
フルーティさ	控えめ	強い
スモーキーさ	控えめ	強い
ボディ感	軽い	どっしり
個性	おだやか	強め
入手難度	容易	レア

販売元　サントリー　https://www.suntory.co.jp/whisky/

サントリー

サントリートリスウイスキークラシック

SUNTORY TORYS

ブレンデッド

990円／700ml／37%

飲み飽きない定番の1本 まずはハイボールで

日本洋酒文化の先駆け・トリスバーをはじめ、70年余りも人々の生活に溶け込んでいるトリスシリーズ。そんな歴史を受け継ぎつつ、自宅で気軽に飲めるウイスキーとして誕生。まずはハイボールで楽しみたい。

おすすめの飲み方

ストレート	オン・ザ・ロック	ハーフロック
ミストスタイル	トワイスアップ	**水割り**
ハイボール	お湯割り	**カクテル**

TASTING DATA

味	甘い	辛い
フルーティさ	控えめ	強い
スモーキーさ	控えめ	強い
ボディ感	軽い	どっしり
個性	おだやか	強め
入手難度	容易	レア

販売元　サントリー　https://www.suntory.co.jp/whisky/

ニッカウヰスキー

竹鶴ピュアモルト

TAKETSURU

ブレンデッド モルト

4400円／700ml／43%

「竹鶴」の名を冠した ブレンドの技が光る１本

上質なモルトをバランス良く重ね合わせ、香り豊かで飲みやすく仕上げた自信作。「竹鶴」の中では唯一、公式発売されているスタンダードボトルだ。飲み口は軽やかながら、モルトならではのコクと品のある樽香、ピート感を伴うほのかにスパイシーな余韻も印象的。

おすすめの飲み方

ストレート **オン・ザ・ロック** **ハーフロック** ミストスタイル トワイスアップ **水割り** **ハイボール** **お湯割り** カクテル

ボトルにあしらわれた、創業者・竹鶴政孝のサイン。「日本のウイスキーの父」と呼ばれる竹鶴氏が日本のウイスキー界に残した功績は大きい。

TASTING DATA

味	甘い	辛い
フルーティさ	控えめ	強い
スモーキーさ	控えめ	強い
ボディ感	軽い	どっしり
個性	おだやか	強め
入手難度	容易	レア

販売元 アサヒビール株式会社 ☎ 0120-019-993（お客様相談室・国産洋酒部門）

ニッカウヰスキー

ブラックニッカ リッチブレンド

BLACK

ブレンデッド

1463円／700ml／40%

フルーティで軽やかな旨味 ロックでリッチさもアップ

シェリー樽原酒をキーモルトに、樽熟成のグレーンをブレンド。樽由来の甘くフルーティな香りが心地良く、味わいもしっかりとしたコクと深みが感じられる。

販売元 アサヒビール株式会社 ☎ 0120-019-993（お客様相談室・国産洋酒部門）

ニッカウヰスキー

ブラックニッカ ディープブレンド

BLACK

ブレンデッド

1650円／700ml／45%

最も重厚なブラックニッカ 贅沢で複雑な風味の１杯

「ブラックニッカの歴史の中でも最も重厚な味わい」と評される深くコクのある味わいが特徴。アルコール度数も高めの45%で、濃厚な仕上がりになっている。

販売元 アサヒビール株式会社 ☎ 0120-019-993（お客様相談室・国産洋酒部門）

ニッカウヰスキー

ブラックニッカ クリア

BLACK

ブレンデッド

990円／700ml／37%

竹鶴政孝が送り出した 1956年発売のロングセラー

ニッカウヰスキーの創業者・竹鶴政孝が初代「ブラックニッカ」を送り出したのは1956年のこと。「クリア」の名が加わった現在のボトルはノンピートで飲みやすく、入門者でもストレートで楽しむことができる。

おすすめの飲み方

ストレート オン・ザ・ロック ハーフロック ミストスタイル トワイスアップ **水割り** **ハイボール** お湯割り **カクテル**

TASTING DATA

味	甘い	辛い
フルーティさ	控えめ	強い
スモーキーさ	控えめ	強い
ボディ感	軽い	どっしり
個性	おだやか	強め
入手難度	容易	レア

販売元 アサヒビール株式会社 ☎ 0120-019-993（お客様相談室・国産洋酒部門）

ニッカウヰスキー

ザ・ニッカ

THE NIKKA

ブレンデッド

モルトの個性を引き出し 現代風にニューアレンジ

複数のバラエティ豊かな原酒をブレンド。モルトのコクとカフェグレーンの柔らかな甘さが調和し、マイルドな味わいに仕上がっている。ストレートでも。

6600円／700ml／43%

販売元　アサヒビール株式会社　☎ 0120-019-993（お客様相談室・国産洋酒部門）

ニッカウヰスキー

フロム・ザ・バレル

FROM THE BARREL

ブレンデッド

重厚感のある味わいとコク 甘さと華麗さも兼ね備える

加水を最小限に留め、再貯蔵してボトル詰めする工程により、風味を失うことなく、アルコール度51%の骨太な飲みごたえを創出。力強くなめらかな味わいを楽しめる。

2640円／500ml／51%

販売元　アサヒビール株式会社　☎ 0120-019-993（お客様相談室・国産洋酒部門）

ニッカウヰスキー

ニッカ セッション

SESSION

ブレンデッド モルト

楽曲になぞらえた “日英合作” の味わい

凄腕の演奏家たちのセッションをウイスキーで表現するというテーマに挑み、ハイランドをはじめとするスコットランドのモルトに、余市と宮城峡のモルトを融合。日英合作の個性が光る重層的な味わいに。

おすすめの飲み方

ストレート	**オン・ザ・ロック**	ハーフロック
ミストスタイル	トワイスアップ	**水割り**
ハイボール	**お湯割り**	**カクテル**

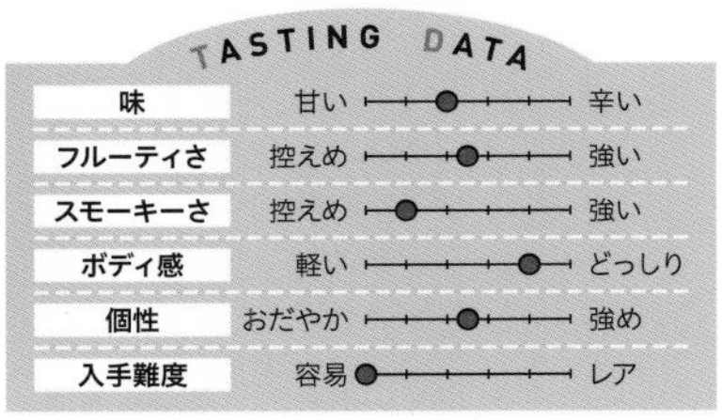

4180円／700ml／43%

販売元　アサヒビール株式会社　☎ 0120-019-993（お客様相談室・国産洋酒部門）

富士御殿場蒸溜所

キリン シングルグレーン ウイスキー富士

FUJI

シングル グレーン

多彩なグレーン原酒が織りなす 甘く華やかな味わい

富士御殿場蒸溜所で丁寧に造られた3種類のグレーン原酒をブレンドしたシングルグレーンウイスキー。口あたりは柔らかく、フルーツやビターチョコレートなどの風味が複層的に広がる。余韻もやさしく心地良い。

おすすめの飲み方

ストレート	**オン・ザ・ロック**	ハーフロック
ミストスタイル	**トワイスアップ**	水割り
ハイボール	お湯割り	カクテル

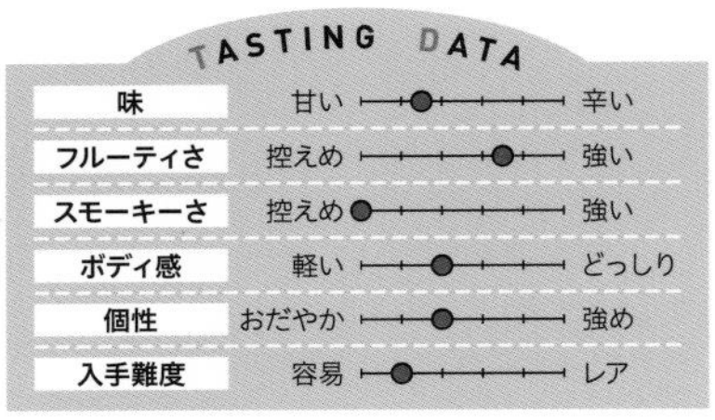

6050円／700ml／46%

販売元　キリンビール　☎ 0120-111-560（お客様相談室）

富士御殿場蒸溜所

キリンウイスキー 富士山麓 シグニチャーブレンド

FUJI-SANROKU

ブレンデッド

ブレンダーの技術が生む 熟成による芳香と味わい

樽の個性を見極め、多彩な原酒の中から熟成のピークを迎えたものを厳選してブレンド。フルーツやバニラといった熟成によるフレーバーが楽しめる。高いアルコール度数にもかかわらず、口あたりはまろやか。

おすすめの飲み方

ストレート	**オン・ザ・ロック**	ハーフロック
ミストスタイル	トワイスアップ	**水割り**
ハイボール	お湯割り	カクテル

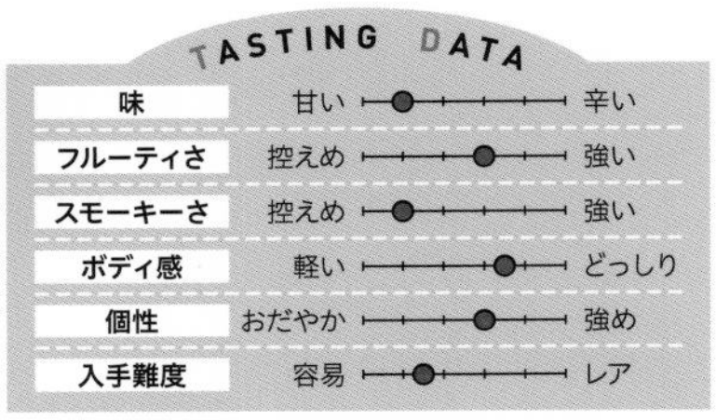

5500円／700ml／50%

販売元　キリンビール　☎ 0120-111-560（お客様相談室）

富士御殿場蒸溜所

キリンウイスキー陸

RIKU

ブレンデッド

1595円／500ml／50%

日本の食文化に合わせた 複層的で豊かな香味

富士御殿場蒸溜所の多彩な原酒を主体に、日本の風土や食文化に合った味わいを追求。ほのかな甘い香りに澄んだ口あたり、何層にも感じる豊かな香味が魅力だ。ロックからお湯割りまで楽しみ方も幅広い。

おすすめの飲み方

ストレート	**オン・ザ・ロック**	ハーフロック
ミストスタイル	トワイスアップ	**水割り**
ハイボール	**お湯割り**	カクテル

TASTING DATA

味	甘い	辛い
フルーティさ	控えめ	強い
スモーキーさ	控えめ	強い
ボディ感	軽い	どっしり
個性	おだやか	強め
入手難度	容易	レア

販売元 キリンビール ☎0120-111-560(お客様相談室)

富士御殿場蒸溜所

キリン シングルブレンデッド ジャパニーズウイスキー 富士

FUJI

ブレンデッド

6050円／700ml／43%
※2022年6月7日発売予定

富士御殿場モルトとグレーンが融合 華やかで調和のとれた味わい

同一の蒸留所で造られたグレーンとモルトのブレンデッドが新登場。華やかで口あたり柔らかく、シルキーな味わいが特徴だ。瓶底の富士山のデザインも美しい。

販売元 キリンビール ☎0120-111-560(お客様相談室)

富士御殿場蒸溜所

ロバートブラウン

ROBERT BROWN

ブレンデッド

2090円／750ml／43%

蒸留所での第１号ウイスキー 長く親しまれる「RB」の味

1970年代に富士御殿場蒸溜所での第１号ウイスキーとして登場。変わらぬ味わいが愛されている。水割りにすると柑橘系やグレーンの香りが花開き、より飲みやすい。

販売元 キリンビール ☎0120-111-560(お客様相談室)

厚岸蒸溜所

厚岸 シングルモルト ジャパニーズウイスキー 立冬

AKKESHI

シングルモルト

1万9800円／700ml／55%

冬の訪れを告げる こっくりと濃厚なモルト

北国に初雪の便りが届き始める頃に出荷。黒糖やチョコレートのような風味が感じられ、こっくりと濃厚なモルトに仕上がっている。入手難度は高いが、ぜひ味わいたい。

販売元 堅展実業株式会社 ☎0120-66-1650

厚岸蒸溜所

厚岸 ブレンデッドウイスキー 処暑

AKKESHI

ブレンデッド

1万1000円／700ml／48%

厚岸のピート感がグレーンと調和 喉越し爽やかな１本

蒸留所では、アイラ島のようにピート層を通った仕込み水を使用。「処暑」はその厚岸モルトならではのピート感とグレーンウイスキーの爽やかな調和が楽しめる。

販売元 堅展実業株式会社 ☎0120-66-1650

厚岸蒸溜所

厚岸 シングルモルト ジャパニーズウイスキー 清明

AKKESHI

シングルモルト

1万9800円／700ml／55%
※2022年5月下旬発売予定

日本の豊かな四季にちなむ 北の大地のシングルモルト

厚岸湾の潮風そよぐ中で造られるウイスキーには、愛好家も多数。「二十四節気シリーズ」の第７弾としてリリースされた「清明《せいめい》」は、爽やかな柑橘系の香りの中に、モルトの甘い風味も感じられる逸品だ。

冷涼で湿潤な気候の厚岸町に位置する蒸留所。アイラモルトのようなウイスキーに厚岸ならではの風味を融合させた味わいを目指す。

販売元 堅展実業株式会社 ☎0120-66-1650

三郎丸蒸留所

サンシャインウイスキー

SUNSHINE

ブレンデッド

1705円／720ml／37%

太陽に戦後の願いを込めた ピート感あふれる地ウイスキー

戦後「水と空気と太陽光から生まれる蒸留酒によって、再び日を昇らせよう」の願いを名に込めた。ピートの効いた伝統の麦芽で造る１本は、ロックやハイボールで。

販売元　若鶴酒造株式会社　☎0763-32-3032

三郎丸蒸留所

三郎丸 I THE MAGICIAN

SABUROMARU

シングルモルト

1万1550円／700ml／48%

ヘビーピートで力強い 蒸留所の“新たな一歩”

2018年に麦芽の糖化槽を一新。よりなめらかかつピートの力強さを備えた「三郎丸シリーズ」が生まれた。果実のような甘さもあり、ぜひストレートで楽しみたい。

販売元　若鶴酒造株式会社　☎0763-32-3032

三郎丸蒸留所

サンシャインウイスキー プレミアム

SUNSHINE

ブレンデッド

2750円／700ml／40%

ハイボールで魅力を堪能 個性際立つスモーキーさ

世界初の鋳造蒸留機「ZEMON《ぜモン》」を導入するなどのチャレンジ精神で、国産ウイスキーでは珍しいしっかりとしたスモーキーな個性を表現。ハイボールにすると、その持ち味がよりいっそう引き立つ。

おすすめの飲み方

ストレート	**オン・ザ・ロック**	ハーフロック
ミストスタイル	トワイスアップ	水割り
ハイボール	お湯割り	カクテル

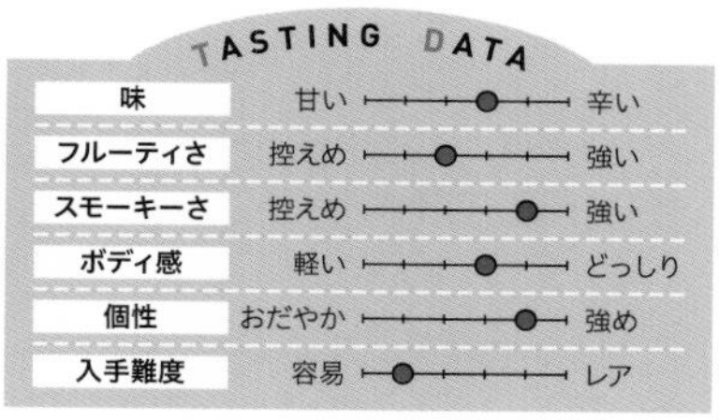

販売元　若鶴酒造株式会社　☎0763-32-3032

マルス信州蒸溜所

マルス モルテージ越百 モルトセレクション

COSMO

ブレンデッド

4620円／700ml／43%

中央アルプスの山にちなんだ 柔らかでやさしい余韻の逸品

酒名は、中央アルプスに連なる山のひとつ「越百山《こすもやま》」にちなむ。タイプの異なる複数のモルト原酒をヴァッティングし、味わいの複雑さと奥行きを表現した。丸く柔らかな口あたりとやさしい余韻が特徴。

標高798メートルの自然豊かな場所に立つマルス信州蒸溜所。駒ヶ岳の麓から湧き出る良質な水でウイスキーは造られる。

販売元　本坊酒造株式会社　☎099-822-7003

マルス信州蒸溜所

マルスウイスキー ツインアルプス

TWIN ALPS

ブレンデッド

1958円／750ml／40%

２つのアルプスをイメージ ハイボールにもおすすめ

中央アルプスと南アルプスの雄大さをイメージし、清らかな水を仕込みに使用。バニラとクッキーのような甘い香りと熟したフルーツ香が一体となり、口あたりも柔らか。余韻が穏やかに続くコスパの良い１本。

おすすめの飲み方

ストレート	オン・ザ・ロック	ハーフロック
ミストスタイル	トワイスアップ	**水割り**
ハイボール	お湯割り	**カクテル**

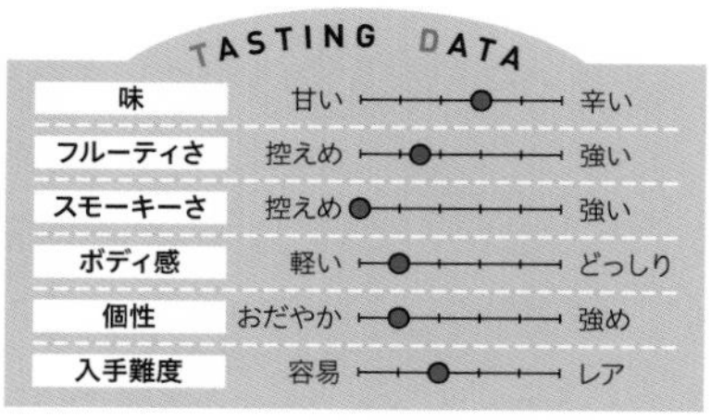

販売元　本坊酒造株式会社　☎099-822-7003

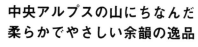

秩父蒸溜所

イチローズモルト ワインウッドリザーブ

Ichiro's Malt

ブレンデッドモルト

8800円／700ml／46%

熱烈なファンに支持される 赤ワイン樽使用の華やかな逸品

祖父が始めたウイスキー造りを受け継ぎ、肥土伊知郎氏が世に出した「イチローズモルト」。こちらは赤ワイン熟成の空き樽を後熟に使用して仕上げられた。華やかな芳醇さとフルーティな香りをまとった希少な逸品だ。熱烈なファンも多く、入手難度は高め。

おすすめの飲み方

ストレート　オン・ザ・ロック　ハーフロック
ミストスタイル　トワイスアップ　水割り
ハイボール　お湯割り　カクテル

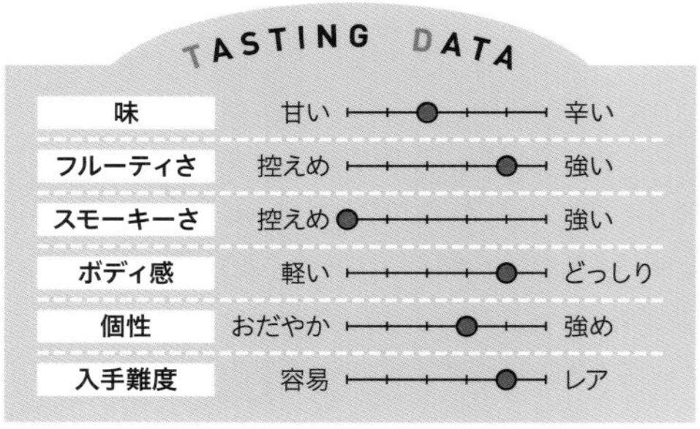

「イチローズモルト」は、埼玉県秩父市の大自然の中でじっくりと育まれる。

販売元　株式会社ベンチャーウイスキー　☎0494-62-4601

秩父蒸溜所

イチローズモルト ダブルディスティラリーズ

Ichiro's Malt

ブレンデッドモルト

8800円／700ml／46%

ブレンドする原酒を造るのは 祖父と孫の2つの蒸留所

先々代が建てた羽生蒸溜所と秩父蒸溜所の2つの原酒を使用。ホワイトオーク樽由来の柔らかい甘さが原酒の個性を引き立て、熟成感のあるフルーティさも。

販売元　株式会社ベンチャーウイスキー　☎0494-62-4601

秩父蒸溜所

イチローズモルト ミズナラウッドリザーブ

Ichiro's Malt

ブレンデッドモルト

8800円／700ml／46%

ピートの効いた原酒を使用 オリエンタルな香りも魅力

自家製のミズナラ樽原酒を後熟に使用し、オリエンタルな香りと繊細で複雑な味わいを創出。まろやかでありながら、重厚なボディで飲みごたえのある1本だ。

販売元　株式会社ベンチャーウイスキー　☎0494-62-4601

秩父蒸溜所

イチローズモルト&グレーン ホワイトラベル

Ichiro's Malt

ブレンデッド

3850円／700ml／46%

度数は高めでも飲みやすい 近年は在庫も安定傾向に

シリーズの中では比較的入手しやすくなってきた「ホワイトラベル」。秩父の原酒をキーモルトとして、世界の5大産地のウイスキーがブレンドされている。香りは甘いが、口に含むとスパイシーさも感じられる。

おすすめの飲み方

ストレート　オン・ザ・ロック　ハーフロック
ミストスタイル　トワイスアップ　水割り
ハイボール　お湯割り　カクテル

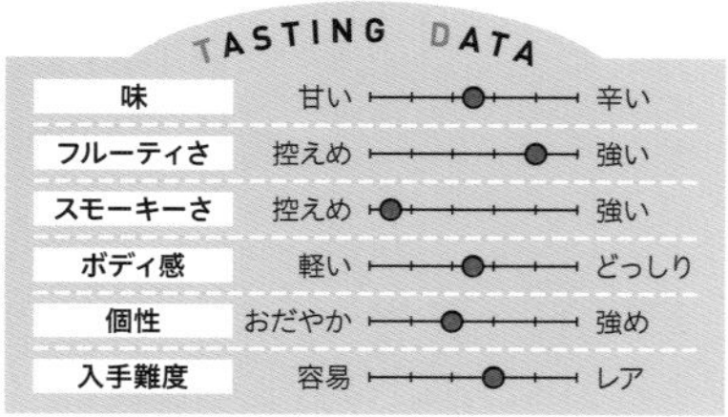

販売元　株式会社ベンチャーウイスキー　☎0494-62-4601

静岡蒸溜所

シングルモルト日本ウイスキー 静岡プロローグK

SHIZUOKA

シングルモルト

8943円／700ml／55.5%

1950年代の蒸留機「K」で造る “日本らしさ”をまとった希少品

「K」の愛称で呼ばれる、1950年代製造の蒸留機で造られた。静岡蒸溜所で熟成された原酒のみを使い、繊細でデリケートな日本らしい味わいに。市場流通はわずか。

販売元 ガイアフロー株式会社 ☎054-292-2555

江井ヶ嶋蒸留所

ブレンディッド江井ヶ嶋 シェリーカスクフィニッシュ

EIGASHIMA

ブレンデッド

3300円／500ml／50%

まろやかな甘さが特徴 ほっとする心地良い味わい

英国産麦芽100%のモルトウイスキーとグレーン原酒をブレンドし、シェリー樽で後熟。樽由来の果実感とスムースでマイルドな味わいを満喫できる。

販売元 江井ヶ嶋酒造株式会社 ☎078-946-1006

静岡蒸溜所

シングルモルト日本ウイスキー 静岡プロローグW

SHIZUOKA

シングルモルト

8943円／700ml／55.5%

薪を用いた直火蒸留機で 厚みのある味わいに

静岡県内の間伐材を薪として用いる直火蒸留機の愛称「W」を名に冠した。3年熟成の若々しさがありつつも、骨太のボディ感やほのかなスモーキーさも備える。直火ならではの厚みのある味わいも。

おすすめの飲み方

ストレート	**オン・ザ・ロック**	ハーフロック
ミストスタイル	トワイスアップ	水割り
ハイボール	お湯割り	カクテル

TASTING DATA

味	甘い	辛い
フルーティさ	控えめ	強い
スモーキーさ	控えめ	強い
ボディ感	軽い	どっしり
個性	おだやか	強め
入手難度	容易	レア

販売元 ガイアフロー株式会社 ☎054-292-2555

江井ヶ嶋蒸留所

シングルモルト江井ヶ嶋 シェリーカスク7年

EIGASHIMA

シングルモルト

1万1000円／500ml／50%

穏やかな海の近くで熟成 シェリー樽由来の甘い香り

仕込み水は、日本酒造りにも用いる清らかな地下水。フェノール値10ppmのライトなピート麦芽を原料にした原酒をシェリー樽で7年熟成させた。甘くフルーティな香りや樽のスモーキーさが楽しめる。

おすすめの飲み方

ストレート	**オン・ザ・ロック**	ハーフロック
ミストスタイル	トワイスアップ	水割り
ハイボール	お湯割り	カクテル

TASTING DATA

味	甘い	辛い
フルーティさ	控えめ	強い
スモーキーさ	控えめ	強い
ボディ感	軽い	どっしり
個性	おだやか	強め
入手難度	容易	レア

販売元 江井ヶ嶋酒造株式会社 ☎078-946-1006

江井ヶ嶋蒸留所

ホワイトオークシングルモルト あかし

AKASHI

シングルモルト

3850円／500ml／46%

歴史を誇る地ウイスキー ハイボールですっきり味に

英国産の麦芽を100%使用し、アメリカンオークシェリー樽、バーボン樽で貯蔵したモルトウイスキーをヴァッティング。青リンゴのような爽快な香りが特徴で、口に含むと甘みのあとにビターな味が広がる。

おすすめの飲み方

ストレート	**オン・ザ・ロック**	ハーフロック
ミストスタイル	トワイスアップ	**水割り**
ハイボール	お湯割り	カクテル

TASTING DATA

味	甘い	辛い
フルーティさ	控えめ	強い
スモーキーさ	控えめ	強い
ボディ感	軽い	どっしり
個性	おだやか	強め
入手難度	容易	レア

販売元 江井ヶ嶋酒造株式会社 ☎078-946-1006

桜尾蒸留所

シングルモルト ジャパニーズウイスキー 桜尾1st Release

SAKURAO

シングル モルト

9350円／700ml／54%

広島発のシングルモルト 潮の香りを感じさせる味わい

創業の地・広島県廿日市市桜尾の貯蔵庫で熟成。瀬戸内の穏やかな潮の香りをほのかにまとった熟成樽によって、バニラのような甘みにほど良い渋みが調和した味わいに。完熟したブドウやオレンジの香りも魅力。

おすすめの飲み方

ストレート **オン・ザ・ロック** ハーフロック
ミストスタイル **トワイスアップ** 水割り
ハイボール お湯割り カクテル

TASTING DATA

味	甘い	辛い
フルーティさ	控えめ	強い
スモーキーさ	控えめ	強い
ボディ感	軽い	どっしり
個性	おだやか	強め
入手難度	容易	レア

販売元 株式会社サクラオブルワリーアンドディスティラリー ☎0829-32-2111

岡山蒸溜所

シングルモルトウイスキー 岡山トリプルカスク

OKAYAMA

シングル モルト

1万6500円／700ml／43%

3つの樽をヴァッティング アワードでも部門最高評価

岡山県産の二条大麦麦芽使用の原酒をブランデー樽、シェリー樽、ミズナラ樽で3年以上熟成。口に含むと、アーモンドの香ばしさとほのかなピート香を感じる。国際的なウイスキーの品評会でも賞を獲得。

2015年にドイツ製の単式蒸留機を導入し本格稼働。蒸留してできた原酒は3年以上の熟成期間を経て出荷される。

販売元 宮下酒造株式会社 ☎086-272-5594

桜尾蒸留所

戸河内ウイスキー8年

TOGOUCHI

ブレンデッド

3300円／700ml／40%

100年の伝統と技術を生かし 日本人好みの味わいを創出

自然豊かな山間の戸河内貯蔵庫で8年以上熟成。戸河内の新緑を思わせるスパイシーな柑橘系の香りにピート香も加わり、味わいはすっきりしていてドライ。甘口の柔らかい口あたりは日本人好み。

おすすめの飲み方

ストレート **オン・ザ・ロック** ハーフロック
ミストスタイル トワイスアップ **水割り**
ハイボール お湯割り カクテル

TASTING DATA

味	甘い	辛い
フルーティさ	控えめ	強い
スモーキーさ	控えめ	強い
ボディ感	軽い	どっしり
個性	おだやか	強め
入手難度	容易	レア

販売元 株式会社サクラオブルワリーアンドディスティラリー ☎0829-32-2111

桜尾蒸留所

戸河内ウイスキー BEER CASK FINISH

TOGOUCHI

ブレンデッド

2640円／700ml／40%

ビールの苦みも見事に調和 すっきりドライな味わい

ラム酒を10年熟成させたのちにビール造りにも使用したオーク樽の空き樽に戸河内ウイスキーを入れて仕上げた。口あたりは穏やかでホップの苦みも印象的だ。

販売元 株式会社サクラオブルワリーアンドディスティラリー ☎0829-32-2111

桜尾蒸留所

戸河内ウイスキー SAKE CASK FINISH

TOGOUCHI

ブレンデッド

2860円／700ml／40%

ストレートで味わいたい 3種類の酒のハーモニー

白ワインで使用したオーク樽で純米酒を熟成させ、最後にその樽で戸河内ウイスキーを仕上げた。白ワインの香りと酸味、黒糖のような甘みの調和は秀逸。

販売元 株式会社サクラオブルワリーアンドディスティラリー ☎0829-32-2111

ヘリオス酒造

KURA ザ ウイスキー ラムカスクフィニッシュ

KURA

ブレンデッド

5280円（参考価格）／750ml／40%

沖縄の風土から生まれる ラム酒樽由来のブレンデッド

蒸留所の裏手を流れる天然水で仕込む原酒と、スコットランドの蒸留所の厳選された原酒をブレンド。追熟には、原点でもあるラム酒「ヘリオスラム」の樽を使い、甘いアロマが香るノンチルフィルタードの1本だ。

おすすめの飲み方

ストレート　**オン・ザ・ロック**　ハーフロック
ミストスタイル　トワイスアップ　水割り
ハイボール　お湯割り　カクテル

TASTING DATA

味	甘い	辛い
フルーティさ	控えめ	強い
スモーキーさ	控えめ	強い
ボディ感	軽い	どっしり
個性	おだやか	強め
入手難度	容易	レア

販売元　ヘリオス酒造株式会社　☎ 0120-14-3975

小正嘉之助蒸溜所

シングルモルト嘉之助 2022 LIMITED EDITION

KANOSUKE

シングルモルト

1万3750円／700ml／59%
※2022年6月15日より数量限定発売

シェリー樽由来の豊かな香りと 余韻が心地良い鹿児島の美酒

鹿児島の地で新たに育まれた1本は、ノンピート麦芽を使用し、シェリー樽原酒をキーモルトに据えたカスクストレングス。ふくよかな香味と沈みゆく夕陽のような深い余韻を心ゆくまで堪能したい。

鹿児島県の西岸に位置する小正嘉之助蒸溜所では、形状の異なる3基のポットスチルを使い、豊かな香りや味わいを持つウイスキーを生み出している。

販売元　小正嘉之助蒸溜所　☎ 099-201-7700

スターワード蒸留所

オーストラリア

スターワード ノヴァ

STARWARD

シングルモルト

6050円（参考価格）／700ml／41%

メルボルン生まれの 気取らず楽しめるモルト

「世界中の人に誇れるオーストラリアならではのウイスキーを」との思いで2007年から製造開始。オーストラリア産赤ワイン樽で熟成し、カジュアルに楽しめる1本に仕上がっている。受賞歴も多数。

おすすめの飲み方

ストレート　**オン・ザ・ロック**　ハーフロック
ミストスタイル　トワイスアップ　水割り
ハイボール　お湯割り　**カクテル**

TASTING DATA

味	甘い	辛い
フルーティさ	控えめ	強い
スモーキーさ	控えめ	強い
ボディ感	軽い	どっしり
個性	おだやか	強め
入手難度	容易	レア

販売元　株式会社ウィスク・イー　☎ 03-3863-1501

その他の国・地域

OTHERS

新たな味が続々と生まれる

5大産地以外の国や地域でもウイスキー造りは年々さかんになってきている。ここでは、オーストラリア、インドなどで造られる注目の銘柄を紹介したい。

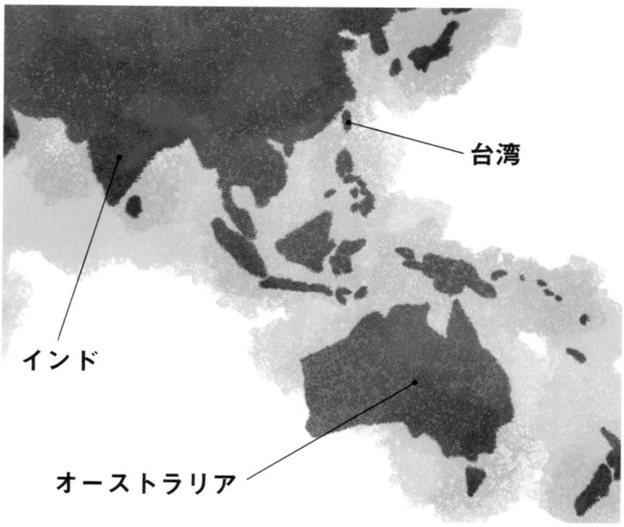

ジョン・ディスティラリーズ社

インド

ポール・ジョン ブリリアンス

Paul John

シングルモルト

なめらかですっきりとした味わい 世界の評論家も高評価

バーボン樽で熟成され、ハチミツのようななめらかさとすっきりとした味わいが特徴。権威あるウイスキー評論家たちも非常に高く評価している。

6600円／700ml／46%

販売元 国分グループ本社株式会社 ☎ 03-3276-4125

ジョン・ディスティラリーズ社

インド

ポール・ジョン ピーテッド

Paul John

シングルモルト

ピート香が広がる 7年熟成の逸品

シングルモルトらしいピート由来のスモーキーさが楽しめる。また芳醇でスパイシーな余韻とココアのような香りが心地良く続くのは7年熟成のなせる技。

1万3200円／700ml／55.5%

販売元 国分グループ本社株式会社 ☎ 03-3276-4125

ジョン・ディスティラリーズ社

インド

ポール・ジョン ボールド

Paul John

シングルモルト

世界的な売上を誇る インドのシングルモルト

5大産地に次ぐウイスキー大国ともいわれるインドで造られた「ポール・ジョン」の秀作。バーボン樽で5～6年熟成させ、ノンチルフィルタードで仕上げてあるため原酒本来の味が楽しめる。世界的な賞を多数獲得。

おすすめの飲み方

ストレート／オン・ザ・ロック／ハーフロック／トワイスアップ／ハイボール

TASTING DATA

味	甘い	辛い
フルーティさ	控えめ	強い
スモーキーさ	控えめ	強い
ボディ感	軽い	どっしり
個性	おだやか	強め
入手難度	容易	レア

8800円／700ml／46%

販売元 国分グループ本社株式会社 ☎ 03-3276-4125

カバラン蒸留所

台湾

カバラン ディスティラリーセレクト No.2

KAVALAN

シングルモルト

台湾発のフローラルな口あたり 蒸留所厳選の力作第2弾

2008年に念願の初出荷を果たしたカバラン蒸留所。こちらのボトルは、蒸留所が厳選した複数の原酒を用いた力作の第2弾。フローラルかつ奥行きのある口あたりで、入門者から上級者まで幅広く楽しめる。

おすすめの飲み方

オン・ザ・ロック／水割り／ハイボール

TASTING DATA

味	甘い	辛い
フルーティさ	控えめ	強い
スモーキーさ	控えめ	強い
ボディ感	軽い	どっしり
個性	おだやか	強め
入手難度	容易	レア

4950円／700ml／40%

販売元 リードオフジャパン株式会社 ☎ 03-5464-8170

カバラン蒸留所

台湾

カバラン コンサートマスター シェリーフィニッシュ

KAVALAN

シングルモルト

トロピカルな甘い口あたり 日本のコンテストでも高評価

アメリカンオークのシェリー樽で仕上げた逸品。カバランならではの、甘いトロピカルフルーツを思わせる口あたりが魅力。日本国内のコンテストでも高評価を得る。

1万450円／700ml／40%

販売元 リードオフジャパン株式会社 ☎ 03-5464-8170

カバラン蒸留所

台湾

カバラン ポーディアム

KAVALAN

シングルモルト

異なるオーク樽で熟成し 上品でなめらかな逸品に

新しいアメリカンオーク樽とリフィル樽で熟成し、調合。カバランの高い製造技術によって、上品かつなめらかな口あたりと、きめ細かい複雑な味わいが楽しめる。

1万7050円／700ml／46%

販売元 リードオフジャパン株式会社 ☎ 03-5464-8170